明清时期徽州地区自然灾害的时空分异特征及其影响因素研究

吴 立 路曙光 著

国家社会科学基金重大项目（批准号：20&ZD247）资助

科学出版社

北 京

内 容 简 介

本书以 1368~1911 A.D.为研究时段，以明清时期徽州一府六县为研究区域，通过查阅明清时期徽州各县的地方志和地名志等历史资料，将历史资料的文字叙述进行定量化描述分析，得出自然灾害的发生频次、年际变化特征、季节分布特征、空间分异规律，并通过对比不同区域的自然灾害，揭示我国亚热带北缘中低山地与丘陵区的灾害发生规律，为徽州地区古村落文化遗产地自然环境监测及文化传承保护提供参考依据，对区域防灾减灾、经济可持续发展、社会和谐稳定也具有一定的现实意义。此外，本书将历史文献中的自然灾害数据与不同载体的环境演变序列记录相对比，这不仅有利于徽州自然灾害成因的分析，也为我国东部季风区气候变化乃至全球气候变化的研究提供参考。

本书可供历史地理、灾害地理、环境演变、自然地理学、地貌学与第四纪地质学教学科研参考，也可供高等院校地理、环境类专业师生和灾害防控、历史、文化遗产部门及博物馆工作人员参考。

图书在版编目(CIP)数据

明清时期徽州地区自然灾害的时空分异特征及其影响因素研究/吴立，路曙光著. —北京：科学出版社，2022.6

ISBN 978-7-03-072473-1

Ⅰ. ①明… Ⅱ. ①吴… ②路… Ⅲ. ①区域自然灾害-研究-徽州地区-明清时代 Ⅳ. ①X432.542

中国版本图书馆 CIP 数据核字(2022)第 097449 号

责任编辑：周 丹 沈 旭/责任校对：杨聪敏

责任印制：张 伟/封面设计：许 瑞

科学出版社 出版

北京东黄城根北街 16 号

邮政编码：100717

http://www.sciencep.com

北京盛通商印快线网络科技有限公司 印刷

科学出版社发行 各地新华书店经销

*

2022 年 6 月第 一 版 开本：880×1230 1/32

2022 年 6 月第一次印刷 印张：4 1/4

字数：135 000

定价：79.00 元

(如有印装质量问题，我社负责调换)

前　言

明清小冰期是中国历史上典型的环境异常期，气候相对寒冷，各种自然灾害频发。通过系统搜集、整理明清时期（1368～1911 A.D.）徽州地区自然灾害的历史资料并对其进行定量化统计与分析，探讨其时空地域分异特征，可以很好地揭示我国亚热带北缘中低山地与丘陵区的灾害发生规律，也能为徽州地区古村落文化遗产地自然环境监测及文化传承保护提供很好的参考依据，对区域防灾减灾、经济可持续发展、社会和谐稳定也具有一定的现实意义。结果表明：① 水旱灾害是明清时期徽州地区的主要自然灾害类型，共发生 422 次，占灾害总数的 78%。② 水旱灾害的发生频次与自然灾害总频次在时间上的契合程度很高，甚至有些年份趋于同步（如明代初期）；除水旱灾害外，雹灾、风灾、冷灾、地震和虫灾在清代（1644～1911 A.D.）的发生频次高于明代（1368～1644 A.D.）；各灾种发生频次随时间呈波浪式变化特征，且大约一百年出现一次峰值，各灾种的峰值主要集中在 1471～1490 A.D.、1571～1590 A.D.、1671～1690 A.D.、1751～1770 A.D.、1851～1870 A.D.。③ 徽州地区的自然灾害发生频次从高到低依次为婺源、绩溪、歙县、休宁、祁门和黟县。其中，旱灾主要发生在绩溪和黟县，水灾主要分布在婺源、歙县、祁门和休宁，冷灾主要分布在婺源、绩溪和祁门，各县风灾发生频次均不高，虫灾主要发生在绩溪，地震主要发生在婺源和绩溪。④ 以 20 年为时间统计单位，发现不同等级的水旱灾害可以划分为 1368～

1470 A.D.、1471～1630 A.D.、1631～1810 A.D.和 1811～1911 A.D.四个阶段，并且表现出由旱灾向水灾逐渐过渡的变化趋势，其中1811～1911 A.D.由“偏旱”向“偏涝”的转变最为明显。⑤ 明清时期徽州地区水旱灾害总体上以“偏旱”和“偏涝”为主，其中歙县和祁门以“偏涝”为主，婺源以“偏涝”和“涝”为主，休宁和黟县的“偏旱”和“偏涝”均较高，绩溪除“涝”较少外，其他等级的水旱灾害均较多。

与我国其他地区相比，徽州自然灾害发生的时空分异特征既有一般性，也有独特性，具体表现为：徽州与我国其他地区的主要自然灾害类型都是水旱灾害，但是徽州的水旱灾害所占比重更大，且旱灾发生的原因与我国北方地区有所差异；徽州地区除水旱灾害之外的其他自然灾害的发生频次都表现为清代高于明代，而其他地区很少出现这种现象；徽州雹灾在季节分布方面与我国其他地区相一致；由于受灾体不同，徽州冷灾发生的主要季节是冬季，这与我国其他地区的冷灾发生主要集中在春季和秋季有所不同；特殊的地形、气象及气候等因素是形成徽州灾害性大风天气的重要原因；徽州的虫灾与我国东部季风区在季节分布上具有一致性，但是由于其不具备害虫繁衍的良好条件，所以发生频次不高；徽州距离地震活跃地带较远，其地震灾害较少。

明清时期徽州地区的自然灾害是多种因素共同作用的结果，既包括自然因素，也包括社会经济因素。在自然因素方面，天文因素与徽州自然灾害的发生有较明显的对应关系，尤其是太阳活动强烈时期对应水旱灾害发生较为频繁；气候的冷暖变化对水旱灾害的发生具有重要影响，尤其是气候转型时期灾害频发，如 16 世纪末至17 世纪初、18 世纪前中期、19 世纪末至 20 世纪初是徽州气候的转型时期，这些时期徽州的自然灾害，尤其是水灾发生较多；徽州特殊的地形使得山区耕地旱灾多而中部河谷平原和山间盆地水灾多，海拔较低的河谷平原的蝗灾多于山地；徽州河流汇集区内的水灾多于单一河流经过的地区，水系密集区的蝗灾较多；一种自然灾害往往会导致另一种自然灾害的发生，尤其是旱灾对虫灾的影响尤为显著。在社会经济因素方面，徽州山林面积大，农作物少，鸟类众多，抑制了虫灾的发展；一些人将灾害治理的希望寄托于迷信思想，影响了灾害治理手段的发展，使灾害进一步蔓延；社会经济发展程度越高的地区往往受到的灾害损失程度越高；外来棚民的进入使徽州的生态环境遭到破坏，自然灾害频发；太平天国运动对徽州的环境造成了严重破坏，导致自然灾害发生较多。

本研究得到了国家社会科学基金重大项目（批准号：20&ZD247）的大力支持。南京大学马春梅教授、中国科学技术大学仲雷教授，以及安徽师范大学程先富教授、徐光来副教授、沈非副教授等在书稿撰写前提出了许多建设性意见，周慧、孙小玲、李肖雪、李晨晨等同志共同参与了前期调研与野外考察工作，笔者对此深表感谢！本书撰写过程中参阅了大量文献，虽一一列出，然仍恐挂一漏万，在此热忱期望同行与其他读者不吝赐教。

谨以此书献给生活在徽州地区世代勤劳善良的人们。

作　者

2022年6月

目　　录

第1章 绪　论

1.1 历史时期灾害研究的重要性

灾害是当今世界公认的最严重的全球性问题之一（邱云飞和孙良玉，2009；IPCC，2013；Etingoff，2016；Fearnley et al.，2016）。灾害是自然因素对人类生命财产造成损害的现象、事件或过程。“灾”是造成损害的现象或原因，“害”是它的结果。自然灾害会极大影响人们的生活及其福祉（葛云健和吴笑涵，2019），破坏交通及房屋设施、威胁个人生命财产安全、破坏农作物、引发流行病，从而对人类的身体和心理带来伤害，造成国家大量经济损失并破坏社会稳定。根据联合国的报道，全球每年至少有 1400 万人因自然灾害变得无家可归，自然灾害对人类的打击也将有增无减（周驰，2017）。如何应对自然灾害成为世界关注的重要问题之一。1989 年 12 月，第 44 届联合国大会将 20 世纪最后十年定为“国际减灾十年”，世界各国人民都在积极为应对自然灾害贡献自己的力量（张婧和赵海莉，2018）。中国地域辽阔、地理环境复杂、气候稳定性差、生态环境脆弱、自然灾害类型多且发生频率高，是世界上自然灾害最严重的国家之一（王静爱等，2006）。我国自古就有记录灾害的传统，其具有以史为鉴、防患于未然的意义（陈桥驿，1987；Chu，1973；Chen，1987；Sidle et al.，2004；Sigl et al.，2015；Oetelaar and Beaudoin，2016）。通过对古代灾害的研究，不仅可以完整地反映灾害的演变史，而且对今后更精确地分析现代灾害的形成特征有重要的实际意义及应用价值（曹罗丹等，2014；郭涛和谭徐明，1994；Torrence，2016；Zeidler，2016）。自然灾害的形成主要由自然变异因素和受灾体的脆弱性两个方面所决定，虽然个别灾害的发生具有明显的偶然性，但是大量灾害的发生又具有集中性，这就使得灾害的发生有规律可循（李霞等，2011；梁剑鸣和周杰，2010）。认识这种规律，对区域防灾减灾工作具有指导意义。

IPCC 第六次评估报告第一工作组报告指出，近期的气候变化广泛、迅速且强劲，变化程度为数千年未见，具体体现为极端高温事件、强热带气旋的占比升高，以及北极海冰、积雪和多年冻土的减少等，这将进一步加剧对全球水循环的影响，包括其变率、季风降水和旱涝灾害事件的严重程度（樊星等，2021）。受气候变化的影响，近百年来人类社会遭受重大自然灾害打击的频率不断增大，气候变化已成为社会经济发展过程中必须面对的难题，增强对过去及未来气候变化规律的认识、降低自然灾害对人类社会发展的不利影响已成为学术界研究的核心内容之一（周洪建和孙业红，2012；秦大河，2014；高翔，2016；成爱芳等，2015）。自然灾害的发生与气候有密切联系（Lean et al.，2000；Leroy et al.，2006），对这些问题的探讨要用到过去几百年乃至更久时期的古气候信息。出于这种迫切需要，高分辨率历史气候序列的重建成为国际全球变化研究核心计划“过去全球变化”与“气候变率与可预报性”计划的重要内容（楚纯洁和赵景波，2013）。本世纪以来，中国学者利用历史文献重建了大量与人类生存发展密切相关的自然环境变迁过程（刘晓清等，2007；石超艺，2007；贾铁飞等，2012；潘威等，2012；赵景波等，2012；王长燕等，2008；李岩和赵景波，2010；张冲等，2011），这对于深入、系统地研究区域自然灾害发生规律及气候变化具有重要意义。当前气候系统是过去自然环境变化和人类活动累积的结果，探究过去气候变化成因和规律能为人类了解未来气候变化提供有益依据（Ge et al., 2016）。探讨过去气候变化与社会发展的关系，能为人类社会响应未来气候变化提供历史相似性（葛全胜等，2013a）。根据葛全胜等（2012，2014，2015）、郑景云等（2005，2010）、方修琦等（2014）的研究，过去2000年以来区域温度和干湿变化对降水产生很大影响，尤其是明清时期，北半球进入寒冷期，中国气候表现出不稳定的变化状态，全国范围内水旱灾害交替发生（Wan et al., 2018）。从元末到清末，中国历史气候变化进入最为漫长的一个寒冷期，即明清小冰期时期，各种自然灾害发生频率都很高，达到历史时期新的高点（肖杰等，2018；Lamb，1977；Grove，1988）。小冰期鼎盛期全国除云南、贵州降温不明显外，其余范围普遍出现了低温期，冬、夏季降温均较明显（王苏民等，2003）。古代农业社会生产力落后，人类适应、改造自然的能力十分有限，气候变化对社会经济发展的影响无疑是占主要方面的（刘伟等，2006）。在过去2000年我国的气候变化过程中，明清小冰期鼎盛期是各种自然灾害发生频率最高的时期，也是对人类社会产生重大影响的时期（肖杰等，2018）。此外，史料具有“时近则迹真”的特点，明清时期距今较近，史料的可信度较高。该时期记录灾害的官修史料和地方志资料也非常丰富，为灾害研究提供了更加详尽和可靠的历史数据来源与文献参考。因此，以明清时期为时间范围来探讨自然灾害的发生规律有着很高的研究价值和可行性。

徽州地区是中国传统村落保存最完整、数量最丰富的区域之一，其境内的西递、宏村古村落于2000年便被列入世界文化遗产名录，

2008 年徽州地区又被列为全国首个跨行政区的国家文化生态保护实验区（卢松等，2018）。徽州地区具有很高的文化遗产价值，而这些文化遗址又很容易被各种灾害破坏。国家气候中心数据显示，2020年出现了厄尔尼诺现象。受厄尔尼诺事件的影响，我国大部分地区发生了大洪水，其中黄山市于七月初由于持续暴雨引发了洪水，中心城区屯溪区的国家级重点文物保护单位——明代镇海桥（屯溪老大桥）在这场洪水中被冲毁。这座老大桥是连接屯溪老街和黎阳古镇/黎阳老街的一个必由通道，既是地标性建筑，又有故事、有文化、有历史，是徽州人的一种情感寄托。所以，自然灾害可以通过破坏古建筑而对文化传承造成影响。古为今用一直都是科学研究的一个重要途径，通过研究该地区自然灾害的发生规律，可以对自然灾害发生的时间与空间特征有所认识，结合灾害发生的自然地理条件及其所处的人文环境，能更好地分析灾害发生的原因，从而为徽州地区古村落文化遗产地自然环境监测及文化传承提供很好的参考依据，起到保护传统文化的作用。此外，徽州地区是我国东南部亚热带北部山区的典型代表之一，通过对徽州地区灾害的分析研究，可以很好地揭示我国亚热带北缘中低山地与丘陵区的灾害发生规律。在社会经济方面，对区域防灾减灾、经济可持续发展、社会和谐稳定也具有一定的现实意义。

在人类发展史上，无论是灾害种类，还是灾害强度，中国历来都是世界上的多灾国家。在科技进步的今天，人类对灾害的监测与预警能力相较于古代有了极大提高。对古代灾害的研究，不仅可以完整地反映灾害的演变史，而且对今后更加精确地分析、预测现代灾害的形成演化特征有着重要的实际意义及应用价值（郭涛和谭徐明，1994），可为当今的防灾减灾工作提供科学借鉴。通过对明清时期徽州地区自然灾害的研究，既可以反映当时的古气候信息，为全球及区域气候变化规律的研究提供一定的理论依据，也可以发现当地自然灾害的发生规律，起到古为今用、防患于未然的作用。

1.2 历史时期灾害研究进展

世界上绝大多数国家缺少可用于研究灾害的历史文献。当前，欧美国家主要通过孢粉、硅藻、植物大化石、湖泊沉积物、同位素分析，以及沉积学、环境磁学和地球化学分析等方式恢复古气候信息（Sabatier et al.，2012；Dreibrodt et al.，2010；Yu et al.，2010；Schlolaut et al.，2014；Kemp et al.，2012；Wünnemann et al.，2010），从而推测历史时期所发生的灾害。Benito 等（2008）通过对西班牙七个江河流域滞留洪水沉积物的放射性碳测年资料的分析，建立了古洪水年代表，结果表明，在过去的一千年里古洪水年代与文献记录中的大西洋盆地在 1150～1290 A.D.、1590～1610 A.D.、1730～1760 A.D.、1780～1810 A.D.、1870～1900 A.D.、1930～1950 A.D.、1960～1980 A.D.及地中海盆地在 1580～1620 A.D.、1760～1800 A.D.、1840～1870 A.D.的古洪水事件基本一致。Lam 等（2017）对澳大利亚昆士兰东南部热带地区除传统干旱地区外的第四系沉积物取样并进行分析，得出该地区超过三分之二的古洪水事件发生在 100～1000 A.D.之间，其中 80%的洪水为“极端”洪水。Heusser 等（2015）通过对沉积物中花粉的分析，对加利福尼亚州南部地区在中世纪气候异常期和小冰期早期（800～1600 A.D.）的干旱情况进行了探索，结果表明，800～1090 A.D.加利福尼亚州南部地区较为干旱。此外，除了 1130～1160 A.D.的短暂干旱外，加利福尼亚州南部干旱植被的出现与加利福尼亚州其他地方树木年轮和低湖水位记录的干旱基本一致。Mahadev 等（2019）利用河流沉积物的年龄模型计算沉积物年龄并重建过去的水灾事件，发现印度南部地区在整体干旱的小冰期背景下于距今 800～750 年时仍发生了大规模的洪水，其明显受到当时低压系统和飓风活动的影响。

虽然利用现代分析技术来研究历史时期的自然灾害具有很强的说服力与科学性，但是所得结果不仅时间分辨率低，仅能从宏观的时间尺度（百年尺度或千年尺度）上来探讨气候与灾害的关系及其演变过程，且研究的灾害种类较单一，主要集中在水旱灾害方面，而对于其他种类的灾害难以深入研究，如火灾、蝗灾、饥荒等与人类社会息息相关的灾害必须借助相关史料记载才可以进行研究。更重要的是，灾害一旦离开了受灾体，将失去“灾害”的意义。虽然现代分析技术为研究历史时期的气候演变提供了更加科学的手段，但是如果离开了当时的社会历史背景，即便知道了过去的旱涝状况，仍然无法判断是否发生了灾害，也无法得知灾害的等级大小。我国具有悠久的历史，大量史料留存至今，为今天研究历史时期的灾害提供了宝贵资料与数据来源。通过查阅古籍的方式直接获取历史时期的灾害数据不仅方便快捷，而且精确度高，可以明确了解具体的灾种及其所处的自然与社会环境，对于分析当时灾害发生的原因及灾害产生的影响也具有重要参考价值。我国由于拥有丰富、连续的历史文献记载，而被国内外相关研究计划公认为是开展本领域研究的理想区域（Bradley，1993；国家自然科学基金委员会，1998）。

综合学者们关于历史时期灾害的研究成果，可知：

（1）气象灾害与气候息息相关，通过查阅历史文献记载的方式整理历史气候资料是我国气象灾害研究与整理工作的重点。1981 年中央气象局气象科学研究院编纂的《中国近五百年旱涝分布图集》参考了大量的地方志、明清实录、正史、故宫档案及中华人民共和国成立后各地进行的有关旱涝调查资料和现代仪器观测的雨量记录，堪称是持续几十年之久的历史气候资料整编工作，也是带有总结性质的阶段性成果。该成果被广大学者们广泛应用到对水旱灾害的研究中，成为常用的水旱等级划分方法。此外，张丕远（1996）和满志敏（2000）两位学者为了使降水量与旱涝的标记值大小一致，将 5 级定为“涝”，1 级定为“旱”，与《中国近五百年旱涝分布图集》的标记不同。温克刚（2008）主编的《中国气象灾害大典》是对水旱灾害最新的一次全国性资料整合，该丛书以现有行政区划为单位，收录各地先秦至 2000 年各种气象灾害的历史资料，为我国气象灾害的相关研究提供了资料参考。此外，洪世年和陈文言（1983）编写的《中国气象史》是一部气象通史，该书共分为六章，作者从辩证唯物主义和历史唯物主义的观点出发，评述了几千年来我国的气象研究工作。著名科学史家李迪（1984）评价该书，“系统地叙述了中国从原始社会、新中国成立，直到最近的气象学的发展情况，脉络清晰，分析中肯。” 1983 年，中国气象学会成立气象史志委员会，组织气象工作者进行气象史志编写工作，先后整理撰写了《当代中国的气象事业》、《辉煌的二十世纪新中国大纪录·气象卷》、《中国发展全书·气象卷》、《中国近代气象史资料》、《涂长望传》、《中国气象史》、《风云春秋——为新中国气象事业而奋斗回忆录》、《风雨征程——新中国气象事业回忆录》（1～4 集）（1949—2000）、《风雨征程——新中国气象事业回忆录（续集）》（1949—2000）等史料性著作，并每年编撰《中国气象年鉴》。该委员会也开展气象史研究工作，将其细分为自然气象史研究与社会气象史研究，分类细致广泛。中国台湾刘昭民先后撰写了《中华气象学史》《中国历史上气候之变迁》《西洋气象学史》三部气象史研究专著，并与洪世年合作撰写《中国气象史（近代前）》。《中华气象学史》将我国古籍中有关天气现象的记载按时间顺序整理，并逐条加以诠释。《中国历史上气候之变迁》以朝代分章节，研究我国历代水旱和温度变化（何辰宇，2016）。

（2）从时间上看，明清时期是灾害地理学者们关注的热点之一（刘倩等，2018；万红莲等，2017b，2017c；张婧和赵海莉，2018；张蓓蓓等，2018；萧凌波，2018）。明清时期对地方志和地名志等资料的编纂工作已相当成熟，与之前的时期相比，该时期遗留下来的灾害资料最为丰富，而且史料具有“时近则迹真”的特点，明清时期距今较近，对于灾害的研究有很大帮助。因此，我国学者对明清时期灾害的研究也最为关注，而对明清时期以前的研究则相对较少。

（3）从空间上看，前人对历史时期灾害的研究范围主要集中在全国尺度（张琨佳等，2014）及我国西北部地区（赵景波等，2015；宋海龙等，2018；党群等，2018）、汉江流域（刘嘉慧和查小春，2016；姬霖和查小春，2016；彭维英等，2013a，2013b；任利利等，2013）等区域，缺乏对我国东南部亚热带北缘中低山地和丘陵区的研究，徽州地区位于北亚热带向暖温带过渡的地带，气候条件复杂，季风显著，加上特殊的地形地貌，使得这里灾害发生较为频繁。

（4）在灾害种类方面，学者们研究的重点主要集中在单一灾害种类，如蝗灾（刘倩等，2018；萧凌波，2018；刘晓晨，2018）、水灾（刘嘉慧和查小春，2016；姬霖和查小春，2016；彭维英等，2013a，2013b；任利利等，2013；葛云健和吴笑涵，2019）、旱灾（任利利等，2013；李艳萍等，2015；张蓓蓓等，2018）等，对多种自然灾害的综合研究不足，且对各种自然灾害之间的相互联系缺乏深入探讨。这不仅阻碍了对各种自然灾害的时空分布和内在关联性进行综合性、整体性和相关性分析，而且不利于动态解释自然灾害的形成与演变规律。

（5）在灾害成因方面，学者们从主要关注地形、气候、水文等自然因素的研究（万红莲等，2017b；张婧和赵海莉，2018；赵景波等，2015；宋海龙等，2018；党群等，2018），开始转向人口增加、围湖造田、毁林开荒等人类行为活动，以及政府政策等社会经济因素与灾害之间关系的探讨（张蓓蓓等，2018；刘晓晨，2018；葛云健和吴笑涵，2019；王朋等，2018）。历史上很多自然灾害往往不是一种因素所导致的，而是自然因素和社会经济因素综合作用的结果。将自然条件与社会环境相结合，能够更好地研究自然灾害。

（6）研究者们试图将灾害史研究与现实问题相结合，为防灾减灾和社会保障机制的建设提供帮助。其中，最为详尽的研究当属李向军（1995）的《清代荒政研究》，这是一部专论清代荒政问题的专著，他从清代救荒的基本流程与备荒措施、清代荒政与财政和吏治关系等几个方面对清前期荒政做了总体论述。目前，灾害史的研究主要依靠传统的方法，并辅之以新方法，历史文献整理法和历史文献收集法等是比较常用的方法。灾害史研究的新方法不是完全抛开传统方法，而是在传统方法的基础上与地理学、环境学、生物学、物理学、统计学、社会学、计算机科学等学科相结合，进一步拓宽历史时期灾害研究的视野与研究思路。关于灾害本身的研究已经相当成熟并且扩展到与之相关联的领域，使得研究向多样化发展有了可能。另外，多学科研究方法的应用、多视角的分析研究、多种技术手段的完善等都加快了灾害史相关问题研究的进程。由于历史灾害的特殊性，主要数据来源是历史资料，不同史料之间的数据存在差异，研究者们（万红莲等，2017b；刘倩等，2018；宋海龙等，2018）一般采用的解决办法是参考多种史料，通过史料之间的对比、整理、校勘及剔除重复记录，从而建立相关灾害的数据库，以求数据解释更加科学合理。虽然由此得出的历史数据会有误差，但是从宏观上讲，微小数据误差对结果的影响并不大，仍可以通过文献资料来探寻历史时期的灾害规律。

综上，明清时期大量的资料与研究成果为今人进一步研究历史时期自然灾害提供了丰富的数据来源与资料参考。但是，对历史时期灾害的研究仍存在不足，主要表现在：在空间上分布不均，前人主要从汉江流域等少数几个地区或者全国的大尺度来研究历史时期的灾害，而对我国东南部亚热带北缘中低山地和丘陵区的研究不足；过于关注水旱灾害，对其他种类的自然灾害研究略显不足；虽然对自然灾害原因的研究开始从以自然因素为主向自然与社会经济因素并重的方向转变，但是对社会经济因素方面的研究与论述仍然不够充分。同时，从已有对徽州地区灾害的研究成果来看，主要集中在对单一灾害或水旱灾害的文献整理与定性统计，而对多种自然灾害的综合量化研究及其时空分异特征分析尚显不足。因此，本书将在前人研究积累的基础上，通过对历史文献资料中有关明清时期徽州地区自然灾害的纯文字叙述和描述进行定量化处理，并将研究结果与不同区域自然灾害时空分异特征进行对比，而后从自然与社会经济两个方面对徽州地区自然灾害发生的原因进行分析。这对探讨现今徽州地区自然灾害的形成演化规律、防灾减灾措施、遗产地环境监测及社会可持续发展都具有重要的借鉴意义。

1.3 研究内容与写作思路

1.3.1 研究内容

1. 明清时期徽州地区自然灾害的时空分异特征

以1368～1911 A.D.为研究时段，以徽州一府六县为研究区域，通过系统搜集、整理明清时期徽州各县的地方志和地名志等历史资料，将历史文献资料中的纯文字叙述和描述进行定量化处理并对自然灾害进行不同等级的划分，探讨徽州地区自然灾害的主要类型及不同等级自然灾害的发生频次、年际变化特征、季节分布特征和空间分布规律。

2. 不同区域自然灾害的时空分异特征对比分析

将徽州地区的主要自然灾害与我国其他地区进行对比，以期得出徽州地区自然灾害时空分异特征的一般性和特殊性。

3. 明清时期徽州地区自然灾害的影响因素

从自然因素和社会经济因素两个方面分析灾害的成因。自然因素包括天文、气候、地形、水文等方面；社会经济因素包括土地利用、宗教信仰、政府政策、人口等方面。

1.3.2 研究方法

1. 研究资料收集

各种灾害的数据主要来自地方志和地名志（安徽省地方志编纂委员会，1998；马步蟾，1998；彭泽和汪舜民，1982；何东序和汪尚宁，2000；丁廷楗等，1975；黄崇惺，1975；休宁县地方志编纂委员会，1990；廖腾煃和汪晋征，1970；何应松和方崇鼎，1998；程敏政，2000；苏霍祚和曹有光，1975；清恺和席存泰，1998；绩溪县地方志编纂委员会，1998；王让和桂超万，1975；周溶和汪韵珊，1998；祁门县地方志编纂委员会，1990；倪望重，1998；歙县地方志编纂委员会，1995；靳治荆等，1975；张佩芳和刘大櫆，1975；石国柱等，1998；劳逢源和沈伯棠，1975；蒋灿，1975；俞云耕和潘继善，1975；彭家桂和张图南，1975；黄应昀和朱元理，1975；汪正元和吴鹗，1975；葛韵芬和汪峰青，1998；董钟琪和汪廷璋，1975；吴甸华等，1998；吕子珏和詹锡龄，1998；谢永泰等，1998；吴克俊等，1998；胡存庆，1925；绩溪县地名办公室，1988；凌应秋，1922）。历史文献由古代的史学工作者编纂而成，其编写内容受统治者和编写者主观因素的影响，导致其内容的客观性受到一定影响。此外，很多历史文献随着时间的流逝而消失，造成数据缺失。所以，对于收集到的历史灾害数据应当采取谨慎的态度，既要对其真实性加以辨别，又要结合多种资料进行数据补充。本书在对徽州地方志资料统计的基础上，对照了《安徽地区历代旱灾情况》（安徽省文史研究馆自然灾害资料搜集组，1957）、《安徽地区地震历史记载初步整理》（安徽省文史研究馆自然灾害资料搜集组，1959a）、《安徽地区风雹雪霜灾害记载初步整理》(安徽省文史研究馆自然灾害资料搜集组，1960)、《安徽地区水灾历史记载初步整理》(安徽省文史研究馆自然灾害资料搜集组，1959b)、《安徽地区蝗灾历史记载初步整理》(安徽省文史研究馆自然灾害资料搜集组，1959c) 和《近代中国灾荒纪年》(李文海等，1990) 等相关资料，以使灾害的统计结果更加完整、合理、可信。同时，本书参考了《历史旱涝灾害资料分布问题的研究》(满志敏，2000)、《中国近五百年旱涝分布图集》(中央气象局气象科学研究院，1981) 和《明清徽州灾害与社会应对》(吴媛媛，2014) 中对灾害的统计处理与等级划分方法，综合探讨明清时期徽州地区灾害的时空分异特征。

2. 灾害等级划分

灾害等级是表示灾害给人类社会带来损失大小的重要指标，不仅表示了灾害给人类及其生存空间带来损失的程度，而且是人类组织救援行动的依据及衡量灾害恢复能力和灾害管理方式的指标（吴媛媛，2014)。本书对明清时期徽州地区的自然灾害纯文字叙述进行量化统计。根据历史文献所反映的灾情信息对灾害进行等级划分是定量化统计的重要手段，对灾害划分的等级越多，分析结果就越为精细。但是，划分等级的多少取决于历史记载所包含灾情信息的丰富程度，以及研究区域内不同地方信息丰富程度是否均衡。关于徽州雹灾、冷灾、风灾和地震等灾害的记载大多比较简略，如“三月雨雹”“七月地震”“三月大风、雷电、雨雹”等，即使有些灾情的描述较为详细，但是由于相关灾害的详细记载不多，且这些灾害的发生频次较低，分级统计的意义不大，所以本书不对这些灾害进行等级划分，仅记录其发生的频次。而水旱灾害相关的历史资料记载更为详细，且水旱灾害的分级方法已较为成熟，便于分级。因此，本书仅对徽州地区的水旱灾害进行分级讨论。

目前，学术界对文献记载中水旱灾害描述的处理主要采用《中国近五百年旱涝分布图集》中的方法，但是，具体到徽州地区，灾害等级的制定还需要通过对该区域的灾情、灾况在时间上进行纵向比较后才能确定灾害定级标准。通过比较和梳理，本书对徽州地区水旱灾害的定级采用以下指标：

1）旱

判断标准为旱灾的持续时间长，给社会造成的影响大，由旱灾引发的次生灾害严重，赈灾力度大。如“夏秋旱”“夏秋间，两月不雨；六月至七月不雨”“人掘土以食”“人相食”“死者载途”等。

2）偏旱

判断标准为旱灾的持续时间较长，给社会造成了一定影响，由旱灾引发了一定程度的次生灾害，赈灾力度较大。如“单季旱；春夏旱”“降水偏少；一月之内无雨”“久不雨，麦半收”“旱复水”“府赈饥”等。

3）偏涝

判断标准为水灾的持续时间较长，给社会造成了一定影响，由水灾引发了一定程度的次生灾害，赈灾力度较大。如“连旬淫雨”“夏淫雨连旬；自四月至五月雨弥数旬”“淫雨坏城；大水冲坏田庐道路”等。

4）涝

判断标准为水灾的持续时间长，破坏程度高，造成的社会影响大，由水灾引发的次生灾害严重，赈灾力度大。如“连季淫雨；

山洪骤发；蛟水四出”“三月，淫雨；五月，大雨连旬（两季连雨）”“大水山崩，水高三丈余；大水入市，深五尺以上；大水涨高数丈”“大水漂没田地，虫伤禾稼；久雨，无禾”“溺死男女五十以上者；淹死人畜；道殍相望”“夏大水，秋冬疫”“人随屋漂；漂官、民房屋百间以上；山崩石裂；坏田园庐舍”等。

关于定级需要说明的是：① 历史文献中记载的春、夏、秋、冬季分别为农历的一至三月、四至六月、七至九月、十至十二月。② 文献记载中出现的连续季节自然灾害不是指灾害持续发生数月，而是灾害跨越多季，包括二连季、三连季和四连季，如春夏、夏秋和夏秋冬等。③ 春夏旱定为“偏旱”，夏秋旱定为“旱”。④ 同一年份出现旱涝交发的处理：水后复旱，考虑到旱灾比之山洪对农作物的影响更大，定为“旱”；春旱夏水，夏旱秋水，则以夏季情况为主。⑤ 资料中有关赈灾的记载，凡不知因何而赈的，舍弃不用。⑥ 凡有并发灾害的皆定为较高一级的“旱”或“涝”，如“旱饥”“旱蝗”“夏大水，秋冬疫”等。⑦ 遇有连续年份的赈济，则第一年定为较高级别的“旱”或“涝”，第二年作降一级处理；若能明确第二年的赈济是前一年的续赈，没有水旱灾害发生，则不作定级。⑧ 若方志中的记载在正史中得到相关记载的印证，则加一级处理。⑨ 若文献记载中出现多县同时发生自然灾害的情况，则各县都统计一次该灾害事件。

1.3.3 写作思路

本书从地方志和地名志等历史资料中获取明清时期徽州地区一府六县的自然灾害数据，并通过多种历史资料相互对照，尽可能弥补历史资料记载的数据缺失，以增强历史资料数据的可信度。在此基础之上，对获取的灾害数据进行定量化处理和灾害等级划分，分析明清时期徽州一府六县自然灾害的主要类型及不同等级自然灾害的发生频次、年际变化特征、季节分布特征和空间分布规律。鉴于水旱灾害是徽州地区的主要灾害类型，本书对不同等级水旱灾害的时空分异规律进行探讨。

将上述所得分析结果与我国其他地区进行对比，探讨徽州地区的自然灾害发生规律有何一般性和独特性。此外，自然灾害的发生与气候变化有着密切联系。本书利用自然灾害发生的时间特征，结合亚洲不同载体古气候记录所反映的气候信息，探讨徽州对小冰期的气候响应过程，这不仅有利于进一步探讨徽州地区自然灾害的分异特征及其驱动机制的研究，也为小冰期气候变化的相关研究提供了一定的资料参考。

以上构成本书第 3～4 章的主要内容。

本书第 5 章主要对自然灾害的影响因素进行分析，从天文、气候、地形、水文等自然地理因素，以及土地利用、宗教信仰、人口、政府政策等社会经济因素两个方面，尝试讨论明清时期徽州地区自然灾害分异规律背后的原因，即为什么徽州自然灾害发生规律表现为一般性和独特性。

本书的写作思路与技术路线如图 1-1 所示。

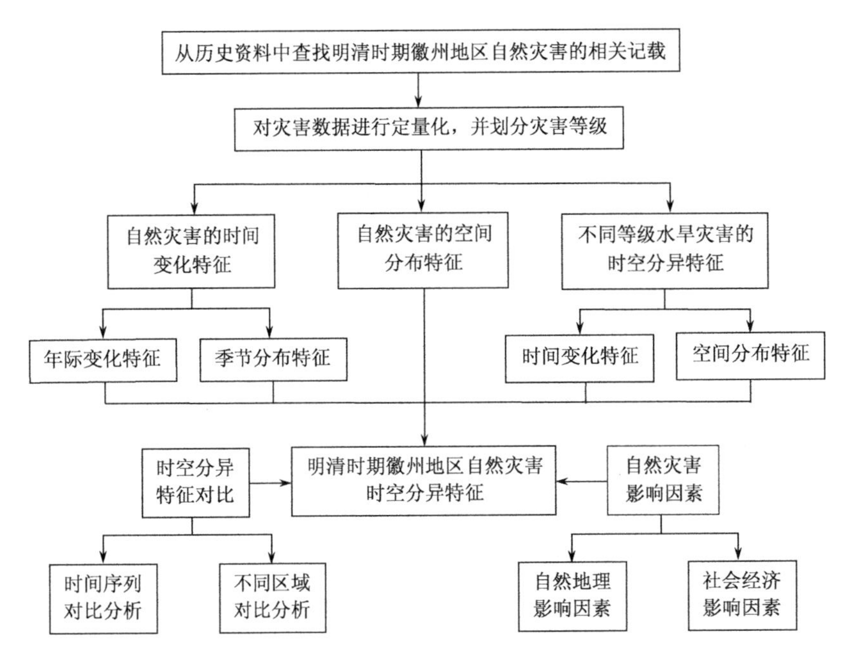
从历史资料中查找明清时期徽州地区自然灾害的相关记载
对灾害数据进行定量化，并划分灾害等级
自然灾害的时间变化特征
自然灾害的空间分布特征
不同等级水旱灾害的时空分异特征
年际变化特征
季节分布特征
时间变化特征
空间分布特征
时空分异特征对比
明清时期徽州地区自然灾害时空分异特征
自然灾害影响因素
时间序列对比分析
不同区域对比分析
自然地理影响因素
社会经济影响因素

图1-1　技术路线图

第 2 章　徽州地区概况

2.1　行 政 沿 革

“徽州”一名最早起源于绩溪县的徽岭和徽溪（黄成林和苏勤，1993；黄成林，2018），地处安徽、浙江、江西三省的交界处，曾是吴国和楚国的分界地，有“吴楚分源”之称，处于吴越文化和楚文化相结合的地区。徽州在春秋时期属于吴国，越灭吴后归越国，战国后期为楚国所有。秦置黟、歙二县属彰郡，三国时置新都郡管辖，晋改新都郡为新安郡，隋置歙州，唐大历五年（770 A.D.）歙州始辖黟、歙、休宁、祁门、婺源和绩溪六县；宋宣和三年（1121 A.D.），改歙州为徽州，下辖歙县、黟县、休宁、绩溪、婺源和祁门六县，府治在歙县。自此，徽州一府六县的行政格局历经宋元明清四代，保持了一千多年，形成了稳固且一体化的地域历史文化圈（陆林和焦华富，1995）。从空间位置上看，徽州地区地跨现安徽省南部和江西省北部，介于 117°11′～118°56′E 和 29°01′～30°18′N，面积约为 12000 km^2（陆林等，2004；卢松和张小军，2019）。六县政区在历史时期保持了长期稳定，其空间范围大致等同于今天皖南和赣北同名的六县。根据徽州地区的历史沿革，除去后来划归徽州地区的太平县（今黄山区），古徽州地区大致包括现今安徽省黄山市的徽州区、屯溪区、黟县、歙县、休宁县、祁门县，以及宣城市的绩溪县和江西省上饶市的婺源县。考虑到历史文献资料和数据统计口径的一致性，本书以六县为空间单位进行灾害统计，其中屯溪区归入休宁县、徽州区归入歙县，其他各县保持不变。

2.2 气　　候

徽州地处安徽、浙江、江西接壤的山地丘陵之中，是典型的亚热带湿润性季风气候区，热量充足，降水充沛，四季分明。古徽州地区雨水充足，日照宜人，年均日照时间达 1573 h 以上，日均日照时间约 4.3 h 以上，年平均温度大约为 15～16℃（表 2-1）。在三月下旬和四月上旬，常出现“倒春寒”，日最低气温低于 0℃。徽州地区降水较多，年平均降水量为 1759.7 mm，年最大降水量为 2953.3 mm，年降水量各月分配不均，其中三到七月为降水量集中时段，占全年的 67%，六月出现大暴雨的概率较大，日最大降水量为 221.1 mm。由于降水较多，该地区常年湿度较高，潮湿是徽州地区气候的明显特征，年平均湿度在 80%以上，降水日超过 120 d。正如彭一刚（1994）所指出的：“皖南地区夏季气温较高，多雨，梅雨季节长，考虑到降水及通风问题，屋顶坡度大，出檐深远，院子或天井较小。”总的来看，徽州夏季较为炎热，降水变率较大，容易引发水旱灾害，而冬季因气温低而易发生冷灾。

优良的气候条件和水质水量，一方面给徽州的传统农业生产带来了优厚的水利条件，适合农作物的耕种及林木果树的种植；另一方面由于各种因素的制约，水利容易转变为水患，雨量过多会造成洪涝灾害。徽州地区降水多集中在春秋及夏季梅雨季节，年降水量分布不均，夏季易洪涝成灾。

表 2-1 徽州部分地区及其周边城市平均气温（李婷君，2012） （单位：℃）

月份	气温								
	屯溪	黄山	绩溪	旌德	歙县	休宁	黟县	祁门	石台
1	3.80	2.70	3.40	2.80	3.70	3.60	3.60	3.20	3.40
2	3.60	4.50	5.00	4.60	5.50	5.50	5.20	5.00	5.00
3	10.30	9.40	10.00	10.00	10.30	10.20	10.00	9.90	10.20
4	16.20	15.70	15.70	15.60	16.20	16.10	15.80	15.60	16.10
5	20.80	20.50	20.20	20.40	21.10	20.90	20.70	20.90	20.90
6	24.50	24.10	24.00	24.20	24.60	24.40	23.90	23.20	24.60
7	28.10	27.50	27.50	27.60	27.90	27.80	27.10	27.20	27.90
8	27.60	26.90	27.10	26.90	27.80	27.50	27.00	26.80	27.60
9	23.30	22.10	22.80	22.20	23.50	23.20	22.70	22.70	22.90
10	17.30	16.40	17.20	16.50	17.80	17.50	17.20	16.60	17.10
11	11.50	10.50	11.40	10.60	11.70	11.50	11.10	10.60	10.90
12	5.80	4.60	5.60	4.70	5.80	5.50	5.50	5.20	5.30
合计	192.80	184.90	189.90	186.10	195.90	193.70	189.80	186.90	191.90
平均	16.07	15.41	15.83	15.51	16.33	16.14	15.82	15.58	15.99

2.3 地　　形

徽州在地质构造上属原始江南古陆，经过地质历史时期数次构造运动，徽州中部形成断陷区，断陷区两侧成为断块隆起带。断陷区形成一系列山间盆地，主要山间盆地有休歙盆地、祁门盆地、黟县盆地、休宁五城盆地及练江谷地等。自山间盆（谷）地向周边逐渐演变为丘陵、低山和中山。丘陵、低山和中山地貌类型在徽州占主导地位，海拔 1000 m 以上、相对高度 800 m 以上的中山分布在徽州的周边地区，主要有黄山山脉、天目山脉、白际山脉和五龙山脉。

由于地表径流长期沿节理、断层强烈切割，整个地形具有山高谷深的特征（陆林和葛敬炳，2007）。

徽州地貌类型组合为平原与山间低地、丘陵与低丘谷地、低山与山间盆地、中山与深丘峡谷，遵循着一定的自下而上的层次分明的结构规律。徽州境内四大山脉相互环绕，黄山山脉是皖南山地的中枢，东接皖浙交界的天目山，西南蜿蜒到江西境内，北与九华山相连，南至屯溪盆地，是长江下游与钱塘江的分水岭。天目山脉位于东北部的绩溪县、歙县与浙江省临安区的交界处，呈北东—南西向带状展布。白际山脉东北端在歙县竹铺与天目山交会，西南抵休宁县岭南乡与五龙山相接，最高峰位于歙县金川乡与浙江临安区的交界处。五龙山脉西迄祁门县芦溪乡与黄山山脉相接，东至休宁县、婺源县与浙江开化县交界并且与白际山脉交会，是祁门、休宁与婺源的主要分界线。其中黟县、祁门、休宁、歙县基本位于中部低山中山亚区或休歙盆谷亚区。盆缘多由低山、丘陵组成，海拔为 500～600 m，坡度陡峭。具体来看，歙县地处黄山、天目山之间，北部黄山诸峰均在 1800 m 以上，其中莲花峰海拔 1864.8 m。位于徽州东北部的天目山主峰（清凉峰）海拔为 1787.4 m。婺源与休宁交界处的大鄣山主峰海拔约 1629.8 m，婺源西南部的凤游山海拔约 675 m。五龙山脉位于徽州西南部，呈东西走向，海拔约 1629.8 m 的主峰六股尖是新安江正源。白际山脉位于徽州东南部，呈东北—西南走向，主峰啸龙峰海拔约 1395 m，其余诸峰海拔为 1000～1200 m，坡面上陡下缓。天目山脉位于徽州东部，呈东北—西南走向。休宁境内的大部分山峰海拔都在 800 m 以上，西北部的齐云山海拔虽然不到 600 m，但是山峰之间的高差起伏较大。黟县山脉绵延起伏，群峰环抱，黄山支脉五溪山主峰三府尖海拔超过 1200 m。祁门县地处徽州西部，北部的牯牛降主峰海拔更是高达 1700 m 以上（辛福森，2012；吴洪，2021）。

徽州大部分地区处于皖南山区，地形复杂，川谷崎岖，峰峦掩映，山多地少，交通不便，长期与外界“通而不畅”，以中低山地和丘陵为主，四周为高山所环绕，北倚黄山山脉，东南靠天目山脉，南有白际山脉、五龙山脉，中部的河谷平原或盆地面积较小，构成了相对独立的自然地理单元。许承尧在《歙事闲谭》中写道：“徽之为郡，在山岭川谷崎岖之中，东有大鄣山之固，西有浙岭之塞，南有江滩之险，北有黄山之厄。即山为城，因溪为隍。……自睦至歙，皆鸟道萦纡。两旁峭壁，仅通单车。”复杂的地貌类型使得当地水旱灾害发生较为频繁，尤其是陡峭的地形加剧了汇水速度，易发生水灾。

2.4　土壤与植被

徽州的土壤种类繁多，共有 6 个土类、9 个亚类、30 个土属、53 个土种，主要土壤类型为麻砂泥田、砂泥田、紫泥田。土壤在垂直分布上略有不同，其基带土壤是红壤，海拔 600～1000 m 为黄壤，1000～1600 m 为暗黄棕壤，在山顶平台和鞍部还分布有山地草甸土。徽州地区红壤分布最为广泛，主要在丘陵地带，占古徽州总面积的 64.76%，红壤光热条件较好，适宜油茶等作物生长，对农业耕种有利，适宜发展粮、油、棉花等作物和亚热带经济林木。红壤是森林资源丰富的重要基础，还为地区土壤生态安全提供了良好保障，使得徽州人民在耕地资源稀缺的情况下，能够从山林中获取生存依靠（李瑶，2021）。暗黄棕壤以造林为主，林茶果也可综合利用，适宜农、林、牧各业生产。而分布较广的红壤和黄壤则易于形成常绿阔叶林、常绿落叶阔叶混交和针阔混交林。皖南山区平坦地势之处不多，不利于水稻等粮食作物的生长，但由于山林间气候环境良好，土壤条件仍适于种植树木、茶叶等。又有古语云："大抵新安之木，松、杉为多。"松杉极易成材，用于搭建房屋的木梁柱结构。现杉木、马尾松等易于采用开发的树材已在皖南山区形成广阔的经济林。

徽州地区植物资源丰富，各类植物资源达 3000 多种，其中药用类尤为丰富，有 1400 多种。徽州土地虽然不适合耕作农业的发展，但是土地和气候条件非常适合林茶生长，境内汇聚了大量中亚热带北部和暖温带南部的树种，形成了丰富多彩的森林植物群落，生长着千种左右的乔木、灌木树种。众多的乔木、灌木树种中不少具有较高的经济价值，属于优良建筑用材的树种，就有一百余种，如樟、楠、楮、栲、杉、松等（陆林和葛敬炳，2007）。

2.5　水　　文

徽州地区特殊的地形地貌与湿润的气候使得该地区水系发达，河网密布，东有新安江汇入钱塘江赴东海；东南有马金溪流经浙江金兰盆地；南有阊江、乐安江向西折转注入鄱阳湖；西面有秋浦河；北面有青弋江、水阳江注入长江。从水系所属流域来说，主要有新安江和鄱阳湖两大水系，其中歙县、绩溪、黟县、休宁均属于新安江水系，祁门、婺源属于鄱阳湖水系。徽州境内流域面积 100 km^2 以上的河流有 300 多条，其中新安江有 14 条一级支流。

新安江是徽州的主要水系，其正源发于五龙山，与发源于黟县的率水在屯溪汇合称渐江。新安江上游为渐江和练江两大支流，渐江又分率水、横江，汇合于屯溪，从而使屯溪成为休宁和黟县沿水路外出的一个交通枢纽。练江上游则有丰乐水、扬之水、富资水和布射水四水注入。浦口以下，渐江、练江汇合，方定名为新安江，向东经过街口，流入浙江境内。可见，屯溪以上的率水和横江沟通了黟县和休宁，屯溪以下所汇入的练江沟通了绩溪和歙县，两水汇总成新安江，入浙西，往杭州，成为歙县、休宁、黟县和绩溪四县通过水路突破山区屏障的总通道。因山峦错落，新安江下游河床窄，流速快，弯道多，且水位随气候、季节涨落较大。鄱阳湖水系在徽州地区的分布主要在乐安江和阊江。其中乐安江水系主要分布在婺源，阊江水系主要分布在祁门。新安江基本上总汇了绩溪、黟县南境之水和休宁、歙县全境之水，流域面积占徽州总面积的69.3%（黄成林，1993）。由于冬夏季风强弱和进退迟早变化的不稳定性，加之本区复杂的地形、水文等自然地理环境特点，导致这里水旱灾害多有发生，并兼有雹灾、冷灾、风灾等自然灾害。

2.6 徽州文化

历史上的徽州是一个文风昌盛、文化发达的地区，素有“东南邹鲁”之称。远古时期，徽州曾居住着勇悍尚武的山越人，秦汉以后，汉人迁入。山越文化与中原文化碰撞，融合其他民族的优秀基因，逐渐形成了地域特色鲜明、精神内涵饱满的徽州文化，在明清时期发展至鼎盛，影响至今。中原儒家文化作为徽文化的根基，孔孟学说更是为徽州各阶层人民接受并推崇；程朱理学也常被称为新安理学，在古徽州地区广为传播，对经济、社会、文化各方面产生深远影响。如此的学说理念，使得徽州人极其尚文重教，创办了大量的学院、文会，整体上推动了徽州民众的文化素养及徽文化的创新传承，徽州书院、徽州文书、宗族家谱等实体资料无不彰显着厚重的教育史（李瑶，2021）。历史上，徽州创造了灿烂的地域文化，包括新安理学、徽派经学、徽州教育、徽派居民、徽州园林、徽州三雕、徽州戏剧、新安画派、徽派版画、徽州刻书等，这些共同形成了一个完整而系统的徽州文化（陆林等，2004）。

徽州文化具有丰富性，包括物质、制度、精神文化，部分文化事物被列入世界文化遗产名录、国家历史文化名城、国家历史文化名镇、国家历史文化名村、全国重点文物保护单位、国家级非物质文化遗产等（表 2-2～表 2-4），充分体现了徽州文化的珍贵价值。

表 2-2　徽州境内国家历史文化名城、名镇、名村名录

名称	类别	批次
歙县	名城	第二批
绩溪县	名城	增补
安徽省歙县许村镇	名镇	第四批
安徽省休宁县万安镇	名镇	第四批
安徽省黄山市徽州区西溪南镇	名镇	第六批
黟县西递镇西递村	名村	第一批
黟县宏村镇宏村	名村	第一批
歙县徽城镇渔梁村	名村	第二批
黄山市徽州区潜口镇唐模村	名村	第三批
歙县郑村镇棠樾村	名村	第三批
黟县宏村镇屏山村	名村	第三批
黄山市徽州区呈坎镇呈坎村	名村	第四批
黟县碧阳镇南屏村	名村	第四批
休宁县商山乡黄村	名村	第五批

续表

名称	类别	批次
黟县碧阳镇关麓村	名村	第五批
绩溪县瀛洲镇龙川村	名村	第六批
歙县雄村乡雄村	名村	第六批
黄山市徽州区呈坎镇灵山村	名村	第六批
祁门县闪里镇坑口村	名村	第六批
黟县宏村镇卢村	名村	第六批
歙县北岸镇瞻淇村	名村	第七批
歙县昌溪乡昌溪村	名村	第七批
绩溪县上庄镇石家村	名村	第七批
绩溪县家朋乡磡头村	名村	第七批

资料来源：国家历史文化名城名录、国家历史文化名村名录、国家历史文化名镇名录. http://www.ncha.gov.cn/col/col2266/index.html.

表 2-3　徽州境内全国重点文物保护单位名录

名称	所属类型	批次	地址
龙川胡氏宗祠	古建筑及历史纪念建筑物	第三批	安徽省绩溪县
潜口民宅	古建筑及历史纪念建筑物	第三批	安徽省歙县
许国石坊	古建筑及历史纪念建筑物	第三批	安徽省歙县
棠樾石牌坊群	古建筑	第四批	安徽省歙县
老屋阁及绿绕亭	古建筑	第四批	安徽省黄山市
罗东舒祠	古建筑	第四批	安徽省黄山市
程氏三宅	古建筑	第五批	安徽省黄山市
呈坎村古建筑群	古建筑	第五批	安徽省黄山市
渔梁坝	古建筑	第五批	安徽省歙县
宏村古建筑群	古建筑	第五批	安徽省黟县
西递村古建筑群	古建筑	第五批	安徽省黟县
许村古建筑群	古建筑	第六批	安徽省歙县
祁门古戏台	古建筑	第六批	安徽省祁门县
南屏村古建筑群	古建筑	第六批	安徽省黟县

续表

名称	所属类型	批次	地址
溪头三槐堂	古建筑	第六批	安徽省休宁县
郑氏宗祠	古建筑	第六批	安徽省歙县
竹山书院	古建筑	第六批	安徽省歙县
齐云山石刻	石窟寺及石刻	第六批	安徽省休宁县
徽杭古道绩溪段和古徽道东线郎溪段	古遗址	第七批	安徽省宣城市绩溪县、郎溪县
黄山登山古道及古建筑	古建筑	第七批	安徽省黄山市
长庆寺塔	古建筑	第七批	安徽省黄山市歙县
程大位故居	古建筑	第七批	安徽省黄山市屯溪区
黄村进士第	古建筑	第七批	安徽省黄山市休宁县
洪氏宗祠	古建筑	第七批	安徽省黄山市歙县
棠樾古民居	古建筑	第七批	安徽省黄山市歙县
奕世尚书坊和胡炳衡宅	古建筑	第七批	安徽省宣城市绩溪县
上庄古建筑群	古建筑	第七批	安徽省宣城市绩溪县
北岸吴氏宗祠	古建筑	第七批	安徽省黄山市歙县
员公支祠	古建筑	第七批	安徽省黄山市歙县
昌溪周氏宗祠	古建筑	第七批	安徽省黄山市歙县
北岸廊桥	古建筑	第七批	安徽省黄山市歙县
兴村程氏宗祠	古建筑	第七批	安徽省黄山市黄山区
黄山摩崖石刻群	石窟寺及石刻	第七批	安徽省黄山市
洪家大屋	近现代重要史迹及代表性建筑	第七批	安徽省黄山市祁门县
岩寺新四军军部旧址	近现代重要史迹及代表性建筑	第七批	安徽省黄山市徽州区
呈坎村古建筑群（扩建项目）	古建筑	第七批	安徽省黄山市徽州区
洪坑牌坊群及洪氏家庙	古建筑	第八批	安徽省黄山市徽州区

续表

名称	所属类型	批次	地址
三阳洪氏宗祠	古建筑	第八批	安徽省歙县
石潭吴氏宗祠	古建筑	第八批	安徽省歙县
屯溪镇海桥	古建筑	第八批	安徽省黄山市屯溪区
蜀源牌坊群	古建筑	第八批	安徽省黄山市徽州区
屏山舒氏祠堂	古建筑	第八批	安徽省黟县
稠墅牌坊群	古建筑	第八批	安徽省歙县
歙县太平桥	古建筑	第八批	安徽省歙县
巴慰祖宅	古建筑	第八批	安徽省歙县
歙县许氏宗祠	古建筑	第八批	安徽省歙县
唐模檀干园	古建筑	第八批	安徽省黄山市徽州区
歙县鲍氏宗祠	古建筑	第八批	安徽省歙县
休宁登封桥	古建筑	第八批	安徽省休宁县
休宁同安堂	古建筑	第八批	安徽省休宁县
大阜潘氏宗祠	古建筑	第八批	安徽省歙县
昌溪太湖祠	古建筑	第八批	安徽省歙县
绩溪文庙	古建筑	第八批	安徽省绩溪县
汪由敦墓石刻	石窟寺及石刻	第八批	安徽省休宁县
中共皖浙赣省委驻地旧址	近现代重要史迹及代表性建筑	第八批	安徽省休宁县

资料来源：全国重点文物保护单位. http://www.ncha.gov.cn/col/col2266/index.html.

徽州文化遗存十分丰富，既有物质层面的，也有非物质层面的，就徽州文书而言，据估计，已被各地图书馆、博物馆、档案馆、大专院校、科研机关收藏的徽州文书，以卷、册、张为单位计算，恐怕也有 20 余万件，并称其为“中国历史文化第五大发现”（殷墟甲骨、居延汉简、敦煌文书、明清档案、徽州文书）（黄成林，2018）。

表 2-4　徽州境内国家级非物质文化遗产代表性项目名录

名称	类别	公布时间	类型	申报地区或单位	保护单位
徽剧	传统戏剧	2006（第一批）	新增项目	安徽省黄山市	黄山市徽剧院（黄山市艺术研究所）
目连戏（徽州目连戏）	传统戏剧	2006（第一批）	新增项目	安徽省祁门县	祁门县文化馆
徽州三雕	传统美术	2006（第一批）	新增项目	安徽省黄山市	安徽中国徽州文化博物馆（黄山市博物馆）
徽墨制作技艺	传统技艺	2006（第一批）	新增项目	安徽省绩溪县	安徽省绩溪胡开文墨业有限公司
徽墨制作技艺	传统技艺	2006（第一批）	新增项目	安徽省歙县	歙县老胡开文墨业有限公司
徽墨制作技艺	传统技艺	2006（第一批）	新增项目	安徽省黄山市屯溪区	安徽省黄山市屯溪胡开文墨厂
歙砚制作技艺	传统技艺	2006（第一批）	新增项目	安徽省歙县	安徽省歙县工艺厂
徽州民歌	传统音乐	2008（第二批）	新增项目	安徽省黄山市	黄山市非物质文化遗产保护中心
道教音乐（齐云山道场音乐）	传统音乐	2008（第二批）	新增项目	安徽省休宁县	休宁县齐云山道教协会
傩舞（祁门傩舞）	传统舞蹈	2008（第二批）	扩展项目	安徽省祁门县	祁门县芦溪乡文化广播电视站
盆景技艺（徽派盆景技艺）	传统美术	2008（第二批）	新增项目	安徽省歙县	歙县徽派盆景协会
漆器髹饰技艺(徽州漆器髹饰技艺)	传统技艺	2008（第二批）	新增项目	安徽省黄山市屯溪区	黄山市徽漆工艺有限公司
绿茶制作技艺（黄山毛峰）	传统技艺	2008（第二批）	新增项目	安徽省黄山市徽州区	谢裕大茶业股份有限公司
绿茶制作技艺（太平猴魁）	传统技艺	2008（第二批）	新增项目	安徽省黄山市黄山区	黄山区茶业协会

续表

名称	类别	公布时间	类型	申报地区或单位	保护单位
红茶制作技艺（祁门红茶制作技艺）	传统技艺	2008（第二批）	新增项目	安徽省祁门县	祁门县祁门红茶协会
徽派传统民居营造技艺	传统技艺	2008（第二批）	新增项目	安徽省黄山市	安徽省徽州古典园林建设有限公司
珠算（程大位珠算法）	民俗	2008（第二批）	新增项目	安徽省黄山市屯溪区	黄山市屯溪大位小学
中医诊法（张一帖内科疗法）	传统医药	2011（第三批）	扩展项目	安徽省黄山市	歙县新安国医博物馆
龙舞（手龙舞）	传统舞蹈	2014（第四批）	扩展项目	安徽省绩溪县	绩溪县文化馆
竹刻（徽州竹雕）	传统美术	2014（第四批）	扩展项目	安徽省黄山市徽州区	黄山市竹溪堂徽雕艺术有限公司
毛笔制作技艺（徽笔制作技艺）	传统技艺	2014（第四批）	扩展项目	安徽省黄山市屯溪区	黄山市徽笔工艺研究所
中医诊疗法（西园喉科医术）	传统医药	2014（第四批）	扩展项目	安徽省歙县	黄山市西园喉科药物研究所
祭祖习俗（徽州祠祭）	民俗	2014（第四批）	扩展项目	安徽省祁门县	祁门县博物馆
龙舞（徽州板凳龙）	传统舞蹈	2021（第五批）	扩展项目	安徽省黄山市休宁县	休宁县文化馆
中医诊疗法（祁门蛇伤疗法）	传统医药	2022（第五批）	扩展项目	安徽省黄山市祁门县	安徽省祁门县蛇伤研究所

资料来源：中国非物质文化遗产网·中国非物质文化遗产数字博物馆. 国家级非物质文化遗产代表性项目名录. https://www.ihchina.cn/project#target1.

还有学者认为，目前徽州文书遗存数量在百万件以上，并且发现的遗存资料还在增加，无论是数量还是价值，徽州文书是我国 20 世纪发现的民间文书当之无愧的典型代表（刘道胜，2013）。徽州丰富的文献资料不仅为历史时期的相关研究提供了宝贵的参考资料，也为本书的研究提供了重要的数据来源。

2.7　徽州古村落

徽州古村落作为徽州文化的重要载体，在千百年的岁月中较为完整地保存了下来，在徽州文化传承过程中发挥着不可替代的重要意义。徽州古村落是历史上徽州人生产、生活的中心之一，是徽州文化的主要载体，综合体现了造就徽州文化的自然因素和人文因素。徽州古村落千百年来经历了形成期、稳定发展期、勃兴鼎盛期和衰落期（图 2-1），但是其作为文化遗产的价值没有减弱。作为传统文

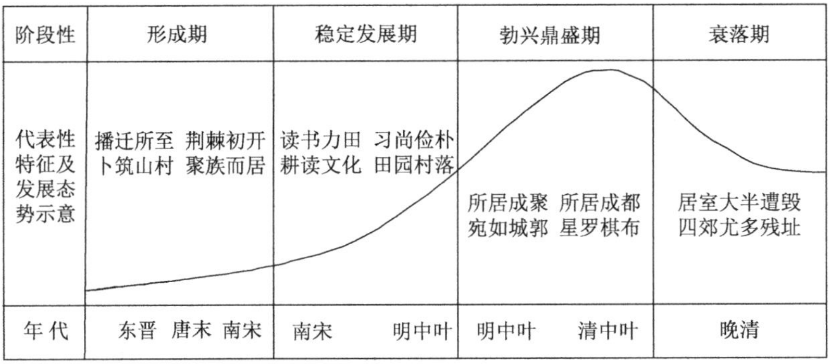

阶段性	形成期	稳定发展期	勃兴鼎盛期	衰落期
代表性特征及发展态势示意	播迁所至　荆棘初开 卜筑山村　聚族而居	读书力田　习尚俭朴 耕读文化　田园村落	所居成聚　所居成都 宛如城郭　星罗棋布	居室大半遭毁 四郊尤多残址
年代	东晋　唐末　南宋	南宋　明中叶	明中叶　清中叶	晚清

图 2-1　徽州古村落演化轨迹（陆林等，2004）

化的载体，不少有影响的徽州古村落如呈坎、棠樾、西递和宏村等以其保护完整、真实的历史遗存和深厚的历史文化内涵被列为全国重点文物保护单位和世界文化遗产，重新受到世人注目。其中，黟县的西递和宏村作为徽州古村落的代表于 2000 年 11 月被列入世界文化遗产名录，体现了徽州古村落的文化价值和历史地位（陆林等，2004）。

截至 2019 年，全国先后分五批将有重要保护价值的村落列入中国传统村落保护名录。徽州地区共入选 325 处，其中以歙县的分布最多，共有 148 处，远高于其他县区；黟县仅次于歙县，共有 44 处；其次是休宁、婺源、绩溪和祁门，分别有 33 处、28 处、26 处和 25 处；徽州区和黄山区的传统国家级传统村落最少，分别有 11 处和 10 处（表 2-5）。从各批次的地区分布来看，前两个批次中，黟县、婺源和歙县的传统村落所占比重较大；第三、四批次，各地区相差不大；而在第五批中，歙县传统村落达 123 处，远高于徽州其他地区（表 2-5）。在聚落形态的分布上，歙县和黟县在盆地周围呈组团式高密度分布，婺源分布较为均匀，祁门、休宁和绩溪沿线状分布（吴洪，2021）。

表 2-5　第 1～5 批徽州列入中国传统村落名单

县区	批次				
	第一批	第二批	第三批	第四批	第五批
黄山区	永丰村	*	龙山村、郭村、湘潭村、盛洪村	*	庄里村、芳村、联中村、长芦村、水东村
徽州区	呈坎村、灵山村、潜口村、唐模村	*	琶塘村、西溪南村	蜀源村、竦塘村	洪坑村、光明村、碣石村
歙县	渔梁村、棠樾村	阳产村、漳潭村、岭山村、瞻淇村、许村、卖花渔村、雄村	石潭村、乡叶村、凤池村、深渡老街、北岸村	白杨村、杞梓里村、苏村、滩培村、萌坑村、祝筒坦村、庐山村、柔川村、蕃村、沧山源村、黄备村	就田村、外河坑村、棉溪村、洪济村、三源村、定潭村、绵潭村、九砂村、琶坑村、安梅村、下产村、显村、五渡村、大阜村、长坑村、槐棠村、高山村、留村、堨田村、三田村、高金村、富堨村、仁里村、稠墅村、郑村、潭渡村、西坑村、双河村、箬岭村、环泉村、金村、沙塍村、姚家村、东山村、汪岔村、金锅岭村、竹园村、竦坑村、桃岭村、晔岔村、蓝田村、汪满田村、铜山村、大备坑村、上坑村、齐武村、外磻村、车田村、唐里村、磻溪村、坡山村、金竹村、水竹坑村、英坑村、鸿飞村、洪琴村、里方村、北山村、士川村、村头村、察坑村、科村、水川村、溪上村、茶园坪村、庙前村、岭里村、井潭村、金村、益州村、岔口村、高演村、街口村、汪村、瀹坑村、瀹潭村、瀹岭坞村、义成村、浦口村、航步

续表

县区	批次				
	第一批	第二批	第三批	第四批	第五批
歙县					村、庄源村、上丰村、屯田村、赵村、里溪村、杨家坦村、万二村、昌溪村、关山村、武阳村、梅川村、约里村、峰山村、三阳村、崇山村、竹铺村、竹源村、岭脚村、中村、荷花形村、外南庄村、英川村、慈坑村、金川村、柏川村、山郭村、田庄村、盘苏村、西坡村、太平村、六联村、璜田村、蜈蚣岭村、源头村、天堂村、绍村、渔岸村、满田村、鸡川村、皋径村、隐里村、坑口村、青峰村
休宁	万安老街、黄村	花桥村木梨硖、里庄村	万全村、溪头村、祖源村、流口村、岭脚村、石屋坑村、项山村、右龙村	枧潭村、五陵村、樟源里村	月潭村、五城村、前川村、秋洪川村、小坑村、源头村、茗洲村、泉坑村、左源村、广源村、麻田村、大连村、双桥村、金源村、杨林湾村、梓坞村、高坑村、富溪村
黟县	南屏村、西递村、宏村、卢村、屏山村、关麓村	碧山村、古筑村、古黄村、石亭村、马道村麻田街、塔川村、秀里村、下梓坑村、龙川村、团结村、石印村珠坑、叶村利源、翠林村、竹柯村、美坑村、竹溪村	余光村、际村、兰湖村	柏山立川村、赤岭村、江村、横断村、桃源村青岭山、霭峰上村	光村、南门村、郭门村、西街村、万村、蜀里村、蓬厦村、历舍村、燕川村、东坑村、佘溪上村、宏潭村、奕村

续表

县区	批次				
	第一批	第二批	第三批	第四批	第五批
祁门	坑口村	历溪村、环砂村	奇岭村、大北村、渚口村	芦溪村、珠林自然村	六都村、彭龙村、许村、武陵村、文堂村、桃源村、广联村、高塘村、炼丹石村、柏溪村、塘坑头村、奇口村、查湾村、黄龙口村、伦坑村、下汪村、马山村
绩溪	龙川村	仁里村	上庄村、湖村	宅坦村、伏岭村、尚村、霞水村、石家村	孔灵村、镇头村、浩寨村冯村、庄团村、坦头村、旺川村、石门村、西川村、水村、北村、江南村、胡家村、瀛洲村、汪村、蜀马村、磡头村、松木岭村、鱼龙山村
婺源	江湾村、汪口村、延村、虹关村、理坑村	晓起村、西冲村、凤山村、思溪村、游山村、洪村、李坑村、长径村、庆源村、岭脚村	豸峰村、乡篁村、诗春村、篁岭村	上严田村、甲路村、东山村、黄村	新源村、龙腾上村、坑头村、菊径村、水岚村

注：*表示该地区当前批次无列入中国传统村落的名单。

数据来源：中华人民共和国住房和城乡建设部等，2012，2013，2014，2016，2019。

第 3 章　明清时期徽州地区自然灾害的时空分异特征

3.1　主要自然灾害类型

按上述方法，对明清时期徽州地区的自然灾害进行统计，发现虽然徽州的自然灾害类型繁多，但是有些灾害的发生频次过低，不具有统计意义，所以本书主要对旱灾、水灾、雹灾、冷灾、风灾、地震、虫灾等发生频次较高的灾害进行统计分析（图 3-1）。

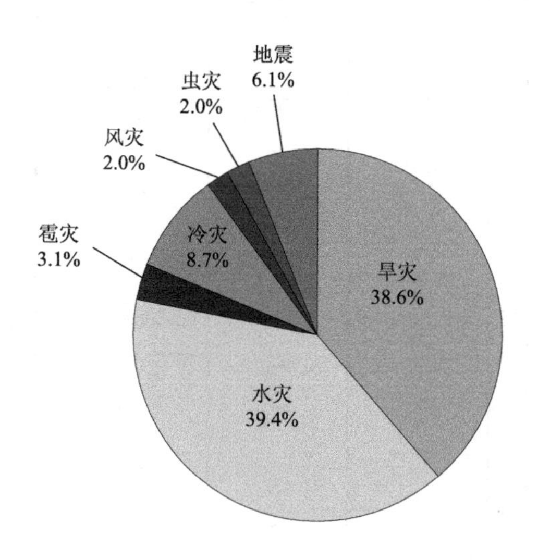

图 3-1　明清时期徽州地区各种自然灾害发生频次比例

徽州地区在 1368～1911 A.D.的 544 年间共发生主要自然灾害 541 次，大约每年发生一次自然灾害，主要包括旱灾、水灾、雹灾、冷灾、风灾、地震和虫灾七种自然灾害类型。从图 3-1 可以看出，有明确记载的自然灾害中，水灾共发生 213 次，占各种灾害总数的 39.4%，平均 2.54 年发生一次；旱灾发生频次仅次于水灾，共发生 209 次，占各种自然灾害发生总数的 38.6%，平均 2.59 年发生一次；水旱灾害合计发生 422 次，在各类自然灾害发生总数中所占比重高达 78%，平均 1.28 年便会发生一次水旱灾害，是徽州地区主要的自然灾害类型。其余五种自然灾害在自然灾害发生总数中所占比重共计 22%。其中，冷灾共发生 47 次，占各种自然灾害发生总数的 8.7%，平均 11.51 年发生一次；其次是地震灾害，共发生 33 次，占各种自然灾害发生总数的 6.1%，平均 16.39 年发生一次；雹灾、风灾和虫灾分别发生 17 次、11 次和 11 次，占各种自然灾害发生总数的 3.1%、2%和 2%，每次灾害平均发生间隔分别为 31.82 年、49.18 年和 49.18 年。

3.2　自然灾害的时间变化特征

3.2.1　各种自然灾害的时间变化整体特征

以 20 年为统计单位，对明清时期徽州地区各种自然灾害发生频次的年际变化进行分析可知（图 3-2）：① 从自然灾害随时间的变化趋势[图 3-2（b）]来看，明清时期水旱灾害的发生频次与自然灾害总频次在时间上的契合程度很高，甚至有些年份趋于同步（如明初），而除了水旱灾害之外的其他自然灾害（雹灾、风灾、冷灾、虫灾和地震）与自然灾害总频次的契合程度较低。这印证了水旱灾害是徽州地区主要灾种的结论，同时也说明了水旱灾害的变化对自然灾害随时间变化的总趋势有着重要的指向作用。② 自然灾害发生频次的最低值出现在朝代更迭期间。然而事实上，灾害是导致一个朝代走向衰落的重要原因之一（Xiao et al.，2014），例如，明朝末年旱灾频发，尤其是重大的旱灾导致民众死亡，而明政府在此时却放弃了对社会的救助义务，从而引发社会动乱，加之满洲势力的迅速崛起，加速了明朝的灭亡（Mote and Twichette，1998）。很明显，朝代更迭期间自然灾害的发生频次并非如图 3-2 中表现得那样少，可能是战争因素和政治混乱导致历史资料记载失修的缘故。而相较于元末明初与明末清初，清朝末年至民国初年的灾害记载虽然也有明显的下降趋势，但是此时地方志的修撰已相当成熟，对灾害的编纂工作一直都在进行，故而自然灾害的记载较前者多。③ 除了水旱灾害外，徽州地区的其他自然灾害在清代的发生频次高于明代[图 3-2（a）]。如雹灾的记载共有 17 次，其中清代有 14 次，而明代仅有 3 次；冷灾共发生 47 次，其中 10 次发生在明代末期，其余 37 次发生在清代；风灾发生频次较少，对当地社会造成的影响不是很大，共发生 11 次，其中 3 次在明代，8 次在清代；虫灾共有 11 次，其中清代 7 次，而明代仅有 4 次；地震共发生 33 次，其中明代共 8 次，清代 25 次。④ 各种自然灾害发生频次随时间呈波浪式的变化特征。这与灾害发生的不确定性有关，故而有的年份多、有的年份少。虽然灾害发生的频次不一，但是峰值大致相同，以 20 年为统计单位，各类灾害出现峰值比较集中的年份主要有成化七年（1471 A.D.）至弘治三年（1490 A.D.）、隆庆五年（1571 A.D.）至万历十八年（1590 A.D.）、康熙十年（1671 A.D.）至康熙二十九年（1690 A.D.）、乾隆十六年

（1751 A.D.）至乾隆三十五年（1770 A.D.）、咸丰元年（1851 A.D.）至同治九年（1870 A.D.）。大约每一百年便会出现一次自然灾害发生频次的峰值，尤其是明末清初前后各种灾害频发，这与我国“明清自然灾害群发期”相一致（王嘉荫，1963）。

对明清时期徽州地区不同季节自然灾害发生频次进行统计（表 3-1）发现，不明季节的自然灾害共有 225 次，占总灾害发生频次的 41.6%，有明确季节记载的灾害为 316 次，占灾害发生总数的 58.4%，比例超过了一半。同时，自然灾害的季节分布以单季灾害为主，也有二连季和三连季，但是没有四连季。有明确季节记载的 316 次

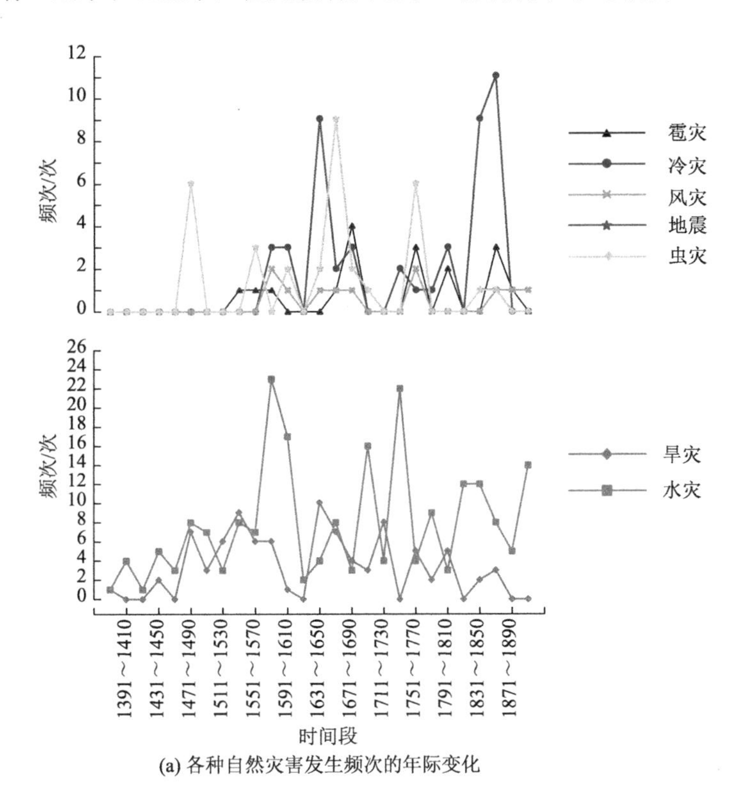

(a) 各种自然灾害发生频次的年际变化

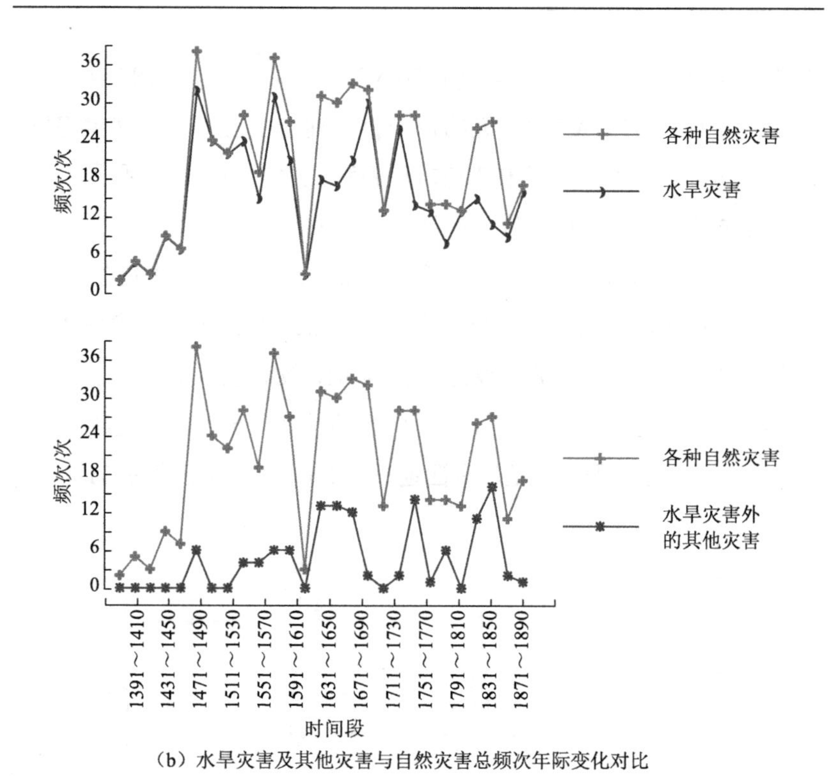

（b）水旱灾害及其他灾害与自然灾害总频次年际变化对比

图 3-2 明清时期徽州地区各种自然灾害发生频次年际变化

灾害主要发生在夏季、冬季和秋季，三个季节的灾害发生数量为 285 次，占有明确季节记载灾害总数的 90.2%。从表 3-1 中可以明显看出，在单一季节灾害发生频次中，夏季是徽州地区的灾害多发期，共发生 166 次自然灾害，占各季节灾害发生总数的 52.5%，而在夏季的 166 次灾害中有具体月份记载的共计 115 次，占夏季自然灾害发生总数的 69.3%，其中五月份发生了 73 次，占夏季有具体月份记载的 63.5%，所以夏季的灾害主要发生在五月。其次为冬季和秋季，灾害发生频次分别为 51 次、43 次，占比分别为 16.1%、13.6%。春季最少，共发生 30 次，占比为 9.5%。多季节灾害主要集中在夏秋季，共发生 21 次，占比为 6.6%，而秋冬、夏秋冬、春夏季灾害发生频次则非常少，分别为 2 次、2 次、1 次，共计 5 次，占比共计 1.6%。

表 3-1　明清时期徽州地区不同季节自然灾害发生频次统计（单位：次）

季节	自然灾害发生频次							总计
	旱灾	水灾	雹灾	冷灾	风灾	虫灾	地震	
春	1	7	5	10	3	0	4	30
夏	33	110	6	2	3	3	9	166
秋	15	17	2	1	0	3	5	43
冬	6	13	0	25	0	0	7	51
春夏	1	0	0	0	0	0	0	1
夏秋	19	0	0	0	0	2	0	21
秋冬	2	0	0	0	0	0	0	2
夏秋冬	2	0	0	0	0	0	0	2

夏秋两季是徽州地区水旱灾害高发期，两季共发生水旱灾害 194 次，占有明确季节记载自然灾害发生总数的 61.4%。有记载的雹灾共发生 13 次，主要集中在春季、夏季及秋初（三月 5 次、四月 1 次、五月 1 次、六月 2 次、九月 2 次及不明月份 2 次），冬季没有记载，而农历三月至八月为全国范围降雹的主要时段，冬季则极少降雹（吴滔，1997），徽州地区符合这一规律；冷灾发生 38 次，其中春季和冬季为 35 次，占冷灾总数的 92.1%；有季节记载的自然灾害中，风灾最少，共计 6 次，其中春季 3 次、夏季 3 次，因为这段时间徽州地区的空气对流上升强烈，易产生大风天气，进而对建筑物或农作物造成破坏，形成风灾；虫灾的发生与水旱灾害有着密切的关联，8 次有季节记载的虫灾全部发生在夏秋季；有季节记载的地

震为 25 次，一年四季都有分布，而夏季相对较多。

3.2.2　水旱灾害的时间变化特征

由上述分析可知，徽州地区水旱灾害共发生 422 次，占自然灾害发生总数的 78%，是本区的主要自然灾害类型，其余五种自然灾害共发生 119 次，占自然灾害发生总数的 22%。基于这种比例关系，本小节将重点对徽州地区水旱灾害各等级的时间变化特征进行讨论。

明清时期徽州地区不同等级水旱灾害发生频次存在明显的差异，“偏旱”和“偏涝”发生频次分别为 119 次和 139 次，占水旱灾害总数的 28%和 33%，共计发生 258 次，占水旱灾害发生总数的 61%；“旱”共发生 90 次，“涝”共发生 74 次，分别占水旱灾害总数的 21%、18%。因此，明清时期徽州地区水旱灾害以“偏旱”和“偏涝”为主。以 20 年为统计单位对各等级水旱灾害的年际变化进行统计（图 3-3），可以把徽州的水旱灾害分为四个阶段：① 1368～1470 A.D.，“偏旱”和“偏涝”是该时期主要的水旱灾害等级，占水旱灾害总数的 73.1%。该时期各等级水旱灾害的发生频次均较少，共发生水旱灾害 26 次，平均 3.92 年发生一次，远低于 1.29 年一次的平均值。究其原因，与上述所提到的自然灾害发生频次在朝代更迭期间少的原因一致。② 1471～1630 A.D.，该阶段是徽州地区各等级水旱灾害的第一个高发期，共发生水旱灾害 172 次，平均每年发生 1.08 次，高于 1.29 年一次的平均值；该阶段旱灾总数大于水灾总数，以“偏旱”为主，其中，1471～1490 A.D.记载了 17 次“偏旱”，为各等级水旱灾害之最。③ 1631～1810 A.D.，该阶段是水旱灾害的第二个高发期，共发生 160 次，平均 1.13 年发生一次。该阶段仍以旱灾为主，但水灾所占比例有所上升，以“偏旱”、“旱”

和“偏涝”为主。④ 1811～1911 A.D.，该阶段水旱灾害总体上呈下降趋势，但水灾的发生频次开始超过旱灾。其中，“偏涝”和“涝”的发生频次远高于“偏旱”和“旱”。与前几个阶段不同的是，该阶段的“偏涝”远高于其他等级，达 42 次，占该阶段水旱灾害总数的 65.6%。虽然在年份上存在一定波动，但是水灾的发生频次超过旱灾并占主导地位已是明显趋势。

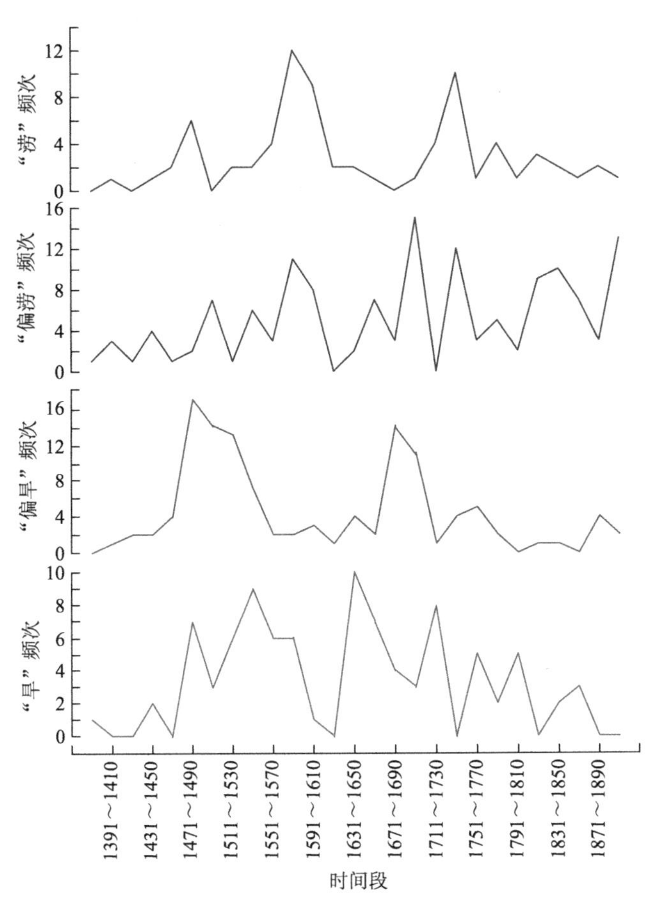

图 3-3　明清时期徽州地区各等级水旱灾害发生频次年际变化

从水旱灾害的季节分布（表 3-2）来看，明清时期徽州地区共发生水旱灾害 422 次，其中不明季节灾害 196 次，占水旱灾害总数的 46.4%，有明确季节记载的为 226 次，占总数的 53.6%。徽州地区水旱灾害以单季为主，同时也有二连季和三连季，但是没有四连季。水旱灾害主要发生在夏季、秋季、冬季及夏秋季节等，与徽州灾害发生总数的季节分布情况大致相同。这些季节共发生水旱灾害 213 次，占有明确季节记载的 94.2%。从表 3-2 中可以明显看出，在单一季节水旱灾害发生频次中，水旱灾害高度集中于夏季，夏季共发生水旱灾害 143 次，占有明确季节记载的 63.3%。夏季有 96 次具体月份记载的水旱灾害，占夏季灾害发生总数的 67.1%，其中五月份发生了 68 次，占夏季有月份记载水旱灾害的 70.8%，所以夏季的水旱灾害集中在五月。其次为秋季、冬季和春季，灾害发生频次分别为 32 次、19 次和 8 次，占比分别为 14.2%、8.4%和 3.5%。多季节水旱灾害主要集中在夏秋季，共发生 19 次，占比为 8.4%；秋冬、

表 3-2　明清时期徽州地区不同等级水旱灾害季节分布（单位：次）

季节	水旱灾害发生频次				总计
	旱	偏旱	偏涝	涝	
春	0	1	2	5	8
夏	14	19	68	42	143
秋	6	9	12	5	32
冬	0	6	11	2	19
春夏	0	1	0	0	1
夏秋	18	1	0	0	19
秋冬	1	1	0	0	2
夏秋冬	2	0	0	0	2

夏秋冬、春夏季发生频次较少，共计 5 次，占比为 2.2%。从具体的灾害等级上看，“涝”和“偏涝”主要集中在夏季，夏季共发生水灾 110 次，占各季节水灾频率的 74.8%，其中“偏涝”发生 68 次，占“偏涝”发生总频次的 73.1%。

3.3　自然灾害的空间分布特征

3.3.1　各种自然灾害的空间分布整体特征

从各县的自然灾害发生频次（表 3-3）上看，婺源灾害最为严重，共发生自然灾害 108 次，绩溪仅次于婺源，发生自然灾害 101 次，其次为歙县、休宁、祁门，分别发生自然灾害 87 次、86 次、84 次，黟县自然灾害发生频次最少，仅为 75 次。自然灾害往往会对建筑物造成严重破坏，从而给古村落造成威胁，影响聚落的发展，黟县古村落保存较为完整，共有 44 处国家级传统村落，更有西递和宏村这样的世界文化遗产坐落其中，这不仅反映了其自然灾害发生频次较少，而且佐证了自然灾害记录数据的可靠性。

表 3-3　明清时期徽州地区不同自然灾害发生频次的空间分布统计（单位：次）

自然灾害类型	自然灾害发生频次					
	歙县	绩溪	祁门	婺源	休宁	黟县
旱灾	31	43	30	31	34	40
水灾	39	31	38	43	33	29
雹灾	2	4	1	8	2	0
冷灾	7	9	8	13	7	3
风灾	3	1	1	1	5	0
地震	4	9	4	10	4	2
虫灾	1	4	2	2	1	1

从各灾种的空间分布看，旱灾发生频次在绩溪（43 次）和黟县（40 次）较高，其他四县（休宁 34 次、歙县 31 次、婺源 31 次、祁门 30 次）次之。与旱灾相反，绩溪（31 次）和黟县（29 次）水灾发生频次较低，而婺源（43 次）、歙县（39 次）、祁门（38 次）、休宁（33 次）水灾发生频次较高。徽州共发生雹灾 17 次，其中 8 次位于婺源，占总数近一半。婺源（13 次）、绩溪（9 次）和祁门（8 次）冷灾发生频次均较高，黟县位于群山之中，地势较低，冷空气难以进入，所以这里冷灾发生频次（3 次）最少。风灾发生频次低，休宁和歙县分别为 5 次和 3 次，而绩溪、祁门、婺源均为 1 次，黟县没有记载。安徽的地震活动主要集中在大别山北麓、郯庐断裂带南段（其大致范围是：北起宿迁，向南经泗洪、五河、明光、肥东、庐江、太湖、宿松和黄梅，止于广济附近）沿线及皖东北地区（张杰等，2004；倪红玉等，2013）。而徽州地区不处于地震活跃带，地震发生频次少（婺源 10 次、绩溪 9 次、歙县 4 次、祁门 4 次、休宁 4 次、黟县 2 次）。虫灾发生频次不高，其中绩溪（4 次）最多，其次是祁门和婺源（2 次），歙县、休宁和黟县则分别为 1 次。

3.3.2　水旱灾害的空间分布特征

对明清时期徽州地区各等级水旱灾害发生频次的空间分布进行统计（表 3-4）发现，徽州地区不同等级的水旱灾害具有明显的空间分异特征。从行政区划来看，各等级水旱灾害以绩溪和婺源为最多，都发生了 74 次，均占总数的 17.5%；歙县仅次于绩溪和婺源，共发生各等级水旱灾害 70 次，占总数的 16.6%；其余三县均少于 70 次，黟县、祁门、休宁分别为 69 次、68 次、67 次，占水旱灾害发生总数的 16.4%、16.1%、15.9%。其中，绩溪（43 次）、黟县（40 次）

的旱灾和婺源（43 次）、歙县（39 次）的水灾最为严重。

表 3-4　明清时期徽州地区不同等级水旱灾害发生频次空间分布统计

（单位：次）

县名	水旱灾害发生频次			
	旱	偏旱	偏涝	涝
歙县	16	15	26	13
绩溪	22	21	22	9
祁门	14	16	27	11
婺源	14	17	20	23
休宁	13	21	19	14
黟县	11	29	25	4

从各县水旱灾害等级上看，歙县发生“偏涝”的频次较多，共计 26 次，占歙县水旱灾害总数的 37.1%，其余三个水旱灾害等级的频次相差不大，分别为“旱”16 次、“偏旱”15 次、“涝”13 次；绩溪各等级水旱灾害中除“涝”（9 次）最少外，其余三个等级的发生频次均超过了 20 次（“偏涝”22 次、“旱”22 次、“偏旱”21 次），旱灾总数占绩溪灾害总数的 58.1%；祁门与歙县相似，“偏涝”发生频次最高且是唯一超过 20 次的水旱灾害等级，共发生 27 次，占祁门水旱灾害总数的 39.7%，其余三个等级相差不大且均不超过 20 次，“偏旱”“旱”“涝”分别发生 16 次、14 次、11 次；婺源以水灾为主，“涝”“偏涝”发生频次均超过或等于 20 次，分别为 23 次、20 次，合计 43 次，占婺源水旱灾害发生总数的 58.1%，而“偏旱”“旱”发生频次均不超过 20 次，分别为 17 次、14 次；休宁水旱灾害发生总数不多，以“偏旱”和“偏涝”为主，分别为 21

次和 19 次，“涝”和“旱”较少，分别为 14 次和 13 次；黟县的“偏旱”与“偏涝”发生频次分别为 29 次和 25 次，合计 54 次，占黟县水旱灾害总数的 78.3%，而“旱”与“涝”共发生 15 次，仅为“偏旱”发生次数的一半。综上，歙县和祁门以“偏涝”为主；休宁和黟县的“偏旱”和“偏涝”均较高；绩溪以旱灾为主，婺源与之相反，以水灾为主。

第 4 章　不同区域自然灾害时空分异特征对比分析

4.1　时间序列对比分析

现代社会主要通过气象观测的方式对气候进行调查。气象观测是指使用观测仪器，对气温和气压、风速和风向、降水量等进行测量的方法。从 16 世纪到 17 世纪，意大利的伽利略发明了温度计，托里拆利发明了气压计。雨量计发明于何时现在已不可考，现存最早的雨量计制造于 17 世纪后半期。通过使用这些仪器，气象观测的精度在 1700 A.D.前后得到提升，从那时开始就有较为可信的数据得以保存下来。以气温为例，英格兰中部平原的平均气温从 1659 A.D.开始就有了逐月的测量记录。在欧洲大陆，荷兰从 1705 A.D.开始进行气温观测，从 1720 A.D.开始记录精度在 0.2℃左右的持续性观测。然而，即使是气温的测量记录，直接的观测历史最长也只有 350 年左右，并且仅限于北半球先进国家的城市中心。而对于更久远的古气候则需要通过代用指标来进行研究。自 20 世纪初起，就有一些学者根据北美、冰岛、格陵兰、斯堪的纳维亚和东欧等地的各种证据，包括植被、农作物种植范围及收成等历史记录和树轮、冰川与冰缘活动及格陵兰冰芯中的氧同位素变化等，对过去 2000 年气候变化进行了研究（Brooks et al.，1922）。在中国，气候重建的相关工作主要集中在洞穴（Tan et al.，2009；Zhang et al.，2008；Wang et al.，2005；

Cheng et al.，2016）、大湖流域（Zhang et al.，2009；Ji et al.，2005；Pu et al.，2013；Wang et al.，2018）、青藏高原（Thompson et al.，1997；Thompson et al.，2000；Dong et al.，2021）和西北干旱半干旱区（Ming et al.，2020；Li et al.，2020）等地，因为这些地区拥有石笋、湖泊沉积物、冰芯、黄土等记录气候变化的优质载体。位于北亚热带的徽州地区虽然受东亚夏季风控制，对气候变化敏感，但是由于缺乏优质气候载体，在气候重建方面的相关研究成果较为匮乏。然而，除了现代分析仪器，利用历史文献进行气候重建也是十分重要的方式。

利用古代文献记载，对气候进行推测的方法从 20 世纪初期开始出现。其分析对象是古代文献中所记载的有关实际天气的描述、湖水的水位和结冰记录、农产品的收成及花的开花日期等。在埃及，这样的记录甚至可以追溯到用象形文字刻在墓碑等上面的古王朝记录。在欧洲，教会的风向计所测量的风向、到达港湾的流冰及农作物的收成等资料都是研究过去气候的优质资料。尤其是那些于同一地点的长期记录在推定气候变化时更为宝贵。例如，在法国的勃艮第地区保留有葡萄收获日的记录。尽管有缺损，可是却保留了从 1370 A.D.至今的连续记录，通过以 9 月 1 日为基准日来判断葡萄收获日的早晚，可以对特定年份的 4～9 月的平均气温做出推测（图 4-1）。在日本，对气候变化加以分析的最早文献来自 800 A.D.左右的《日本后纪》等对观樱御宴召开日的记载。观樱御宴从嵯峨天皇时期的 812 A.D.（弘仁三年）2 月 13 日开始，在《日本后纪》中记载有“花宴之节以此为始”，这一日期相当于太阳历的 4 月 2 日。不过，第一次的观樱日非常早，在《日本后纪》《日本文德天皇实录》《三代实录》等记载中，800 A.D.～900 A.D.观樱日平均下来大约在太阳历的 4 月 10 日。到 14 世纪以后，在气候较为寒冷的室町时代，三条西实隆的《实隆公记》等所记载的宫中的花宴和观樱日，平均之后的日期为 4 月 17 日，比平安时代晚 7 天。现在，为了观测京都的樱花满开日所种植的标本位于中京区的京都地方气象台内。假定观樱日即是今天所说的樱花满开日，那么 20 世纪的满开日平均在 4 月 10 日，与平安时代基本上一致，在 2002 A.D.以后平均为 4 月 7 日，比当时早 3 天（田家康，2012）。

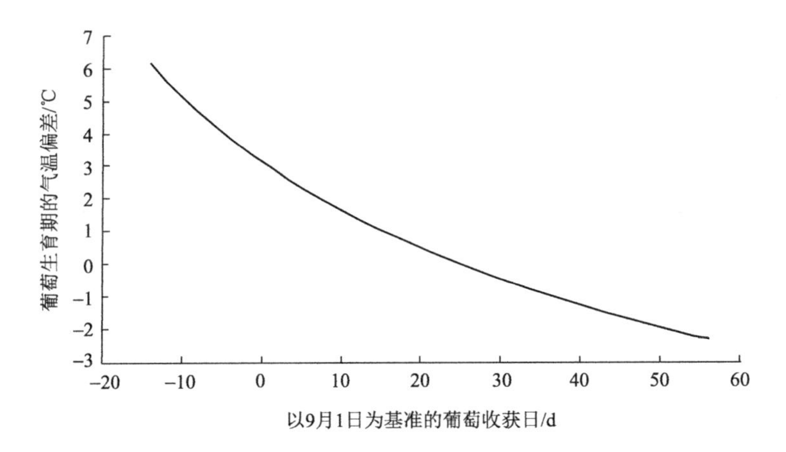

图 4-1　由法国勃艮第地区葡萄收获日所推算的气温（据田家康，2012 改）

在中国的古代文献中，从司马迁的《史记》开始频繁出现跟气候有关的描述。在中国历史上，“气候”一词最早出现在公元前 3 世纪周秦时代记述地理气候的《禹贡》一书。书中记载：“气候湿润、土地肥沃、生产丝。”此外，最早的长期性天气预报是从中国的甲骨文中被发现的。在出土的甲骨文上，刻有公元前 1217 年 3 月 20 日对未来 10 天天气的预报（田家康，2012）。丰富的历史文献记载为我国（尤其是我国东部地区）历史时期的降水变化研究提供了大量的代用资料，这类资料记录系统的采集、提供和使用一直为国际科学界所期待。早在20世纪前期，我国就有学者开始利用史料统计全国受旱、涝灾的县数或者用旱灾与涝灾次数的比值来反映干湿变化。汤仲鑫（1977）利用历史资料研究旱涝变化，绘制出保定地区500年旱涝分布图，并给出了旱涝空间分布特征。在这个基础之上，20世纪70年代中期中央气象局气象科学研究院绘制出东北、华北十省、自治区、直辖市的500年旱涝图，20世纪80年代整理重建了我国120个站点的500年旱涝等级序列并绘制了逐年旱涝等级分布图（中央气象局气象科学研究院，1981），并由此得出逐年旱涝分布型的年表，此后，张德二等又对这份资料图集进行了增补和拓展（张德二和刘传志，1993；张德二等，2003），这套资料的生成为我国的旱涝研究提供了极好的基础。据此，学者们建立和反演了东部区域近千年、分辨率为1年的干湿等级序列（张德二等，1997）。依据这些序列及相关资料，我国东部历史的旱涝气候变化特征（Zhang，1988）和旱涝型（王绍武和赵宗慈，1979）得到了深入的研究。在我国所拥有的各种历史文献资料中，清代的雨雪档案资料——《晴雨录》和《雨雪分寸》具有覆盖范围广、定量化程度高等优点，是重建我国高分辨率降水最可靠的资料之一。因此除了利用文献对旱涝或干湿等级进行分析外，利用《晴雨录》《雨雪分寸》等详细的雨雪档案记载进行降水量直接重建的工作也取得了明显进展。1974年，中央气象局研究所首先复原了北京1724～1904年的年、月降水量值，并印行了《北京250年降水》，其后张德二和刘月巍（2002）又对其进行改进研究；张德二等（2005）还重建了南京、苏州和杭州三个地方的18世纪的年、季降水量序列，对长江下游梅雨活动进行复原推断等。《雨雪分寸》中的雨寸、雪寸分别代表每次降雨后雨水渗入土壤的深度和每次降雪的积雪厚度，测量单位用分和寸表示（王涛，2015）。在中国历史时期气候重建方面，竺可桢（1973）根据历史和考古资料，把我国近五千年来的气候变迁归为四个温暖期和四个寒冷期，即夏商暖期、春秋—秦汉暖期、隋唐暖期、南宋（后期）暖期和西周冷期、三国两晋南北朝冷期、北宋—南宋（前期）冷期、明清冷期（靳俊芳等，2016）。葛全胜等（2002）认为竺可桢先生所勾画的中国历史时期温度变化的基本框架从总体上看是正确的，特别是对主要冷期的识别方面是十分准确的（李晓刚等，2010）。此外，徐馨和沈志达（1990）指出，中国东部近万年以来千年尺度的高温期有五次，新冰期也有五次，具体为第一高温期（10000～9500 B.P.）、第一新冰期（9500～9000 B.P.）、第二新冰期（8300～7000 B.P.）、第二高温期（7000～5800 B.P.）、第三新冰期（5800～5000 B.P.）、第三高温期（5000～4000 B.P.）、第四高温期（3600～3300 B.P.）、第四新冰期（3300～2400 B.P.）、第五高温期（1400～500 B.P.）、第五新冰期（500～90 B.P.）。徐国昌（1997）综合分析了多年来对中国西部地区全新世冰川、古土壤、植被、湖泊及历史资料等各方面研究成果，从千年尺度上划出了六个暖期和六个冷期，即第一暖期（9200～8900 B.P.）、第一冷期（8900～8300 B.P.）、第二暖期（8300～6500 B.P.）、第二冷期（6500～5700 B.P.）、第三暖期（5700～4500 B.P.）、第三冷期（4500～3600 B.P.）、第四暖期（3600～3200 B.P.）、第四冷期（3200～2700 B.P.）、第五暖期（2700～2000 B.P.）、第五冷期（2000～1400 B.P.）、第六暖期（1400～900 B.P.）、第六冷期（900～70 B.P.）。其研究结果在距今3000年以来的时段上与竺可桢对中国东部地区气候变迁的研究结果相近，在距今4000年以来的时段上与徐馨和沈志达（1990）对中国东部的研究结果更加接近，但在4000年以前的时段上又有一定的差异，虽然有可能是不同数据和分析方法及仪器误差造成了这种差异，不过这可能也反映了我国东西部的差异。值得注意的是，他们对我国明清时期的研究结果相差不大，这些研究都表明我国明清时期是一个相对寒冷的时期，即明清小冰期。但是学术界对于我国小冰期气候变化的具体特征一直存在争议，不同学者利用不同的重建指标与分析方法所得结论不同，气候变化的具体过程及不同的区域之间也存在差异。Liang等(2015)通过对Panigarh洞PGH-1石笋进行研究，并对比了其他地区的石笋、冰芯及湖泊沉积物等气候重建指标，认为小冰期时我国北方地区湿润而南方较为干旱。但是有些学者持相反的观点，即北方干旱而南方湿润（Xu et al.，2016；Chen et al.，2015），也有观点认为小冰期时的气候变化较近几十年来更加复杂，即便中国南北地区小冰期降水对亚洲夏季风的响应存在明显的差异，然而由于我国东部季风区的研究主要集中在北方地区，南方的气候记录相对较少，影响了区域小冰期气候演变及其空间特征分布的研究（Tan et al.，2009；崔树昆等，2021）。因此，东亚季风区小冰期的气候状况尚未形成统一定论，需要结合更多的区域及丰富的气候记录材料开展进一步研究。我国是典型的季风气候区，季风的不稳定性导致我国自然灾害频繁发生，而气候的变化为石笋、冰芯、湖泊沉积物等不同载体所记录。通过对不同载体所记录的环境气候信息进行研究，可以进一步探究历史气候演变过程。然而受技术手段等因素的限制，对历史时期气候演变信息的研究分辨率不高，只能局限于大尺度的气候变化研究，难以对气候演变的详细过程进行探讨，而我国古代的历史资料记录填补了这方面的空白。气候变化与自然灾害有着密切的关联（史培军等，2017），通过分析自然灾害的时间变化特征，将现代仪器设备所得的数据与历史资料记录进行对比，可以更好地探索历史时期的气候变化过程。

长期以来，学者们尝试使用不同的载体及各种气候代用指标来解译古气候信息。一般认为，洞穴石笋气候档案具有深海沉积等长尺度记录和树轮日历年两种不同气候载体的特征，开启了研究轨道尺度、千年尺度和年际气候变化三者联系的新窗口（汪永进和刘殿兵，2016），因其具有精确定年和高分辨率等优点，成为当前国际古气候领域的重要发展方向之一（Hu et al.，2008；Wang et al.，2005）。湖泊沉积物具有记录介质丰富、连续性强、分辨率高、对气候与环境变化敏感及可以提供原始气候变化记录等优点，为建立连续、高分辨率的洪水记录提供了不可多得的材料（Zhou et al.，2010）。湖泊沉积物既可以记录洪水事件，又可以记录沉积背景，即当时的环境，为探讨洪水与气候环境的关系提供了便利。湖泊作为混杂不同时空尺度气候、环境和水文信息沉积物的收集器，既记录了环流尺度的气候变化，又记录了区域尺度的气候波动（张灿等，2015）。冰芯不但记录着气候环境各种要素过去的变化，而且记录着影响气候环境变化的各种因子的变化，同时还记录着人类活动对环境的影响。因此，冰芯研究对过去全球变化研究做出了重要贡献（王宁练和姚檀栋，2003）。通过对冰芯中气候与环境信息的研究，可揭示近代至现代，甚至过去几十万年的气候环境特征，同时也可通过与现代气象记录的结合，提高预报未来气候变化的能力（Thompson et al.，1975）。泥炭是在一定的气候、水文条件下在沼泽环境里形成的，由于沼泽地表长期过度湿润或上层经常处于水分过饱和状态，上层通气不良，死亡的沼泽植物在嫌气微生物的作用下不能被完全分解，其植物残体就堆积于沼泽地表，经过几百年至上千年的不断积累而成为泥炭（马春梅等，2008）。影响泥炭分解速率的因素在一定程度上可以通过泥炭腐殖化度来表现，泥炭腐殖化度的波动与古气候变化存在一定关系，因而腐殖化度在古气候演变及突变事件研究中被用作恢复古环境的气候代用指标（程胜高等，2014）。基于这些载体所反映的气候意义，为了进一步探索明清时期的气候演变，本书获取了我国青藏高寒区、东部季风区、西北干旱半干旱区、南海地区及印度半岛、中南半岛、朝鲜半岛、中亚地区等亚洲地区的石笋、冰芯、湖泊沉积物和泥炭等古气候数据。通过对前人研究成果的整理与分析，得出小冰期气候的变化特征，然后结合明清时期徽州地区自然灾害尤其是水旱灾害的时间变化特征，探讨徽州对明清小冰期气候变化的响应过程。各个古气候记录的地理位置及相关详细信息如表 4-1 所示。

青藏高原是地球上面积最大和海拔最高的高原，平均海拔超过 4000 m，面积约 250 万 km^2，被誉为“世界屋脊”和“世界第三极”（王健顺等，2020；Yao et al.，2012；田少华等，2020；董楠等，2021）。因青藏高原处于东亚季风、印度季风及盛行西风的交互影响区（蒲阳等，2021；李秀美等，2019），所以青藏高原对气候变化的响应极为敏感（Madsen et al.，2008；Liu et al.，2015）。普若岗日冰川 $\delta^{18}O$ 和冰芯积累量记录（A_n）显示，1600～1730 A.D.的气候温暖湿润，1730～1780 A.D.气候表现为湿冷状态，而 1780～1915 A.D.表现为间歇性冷/暖，整体上更加干旱，1915～2006 A.D.更加温暖湿润（Thompson et al.，2006b）。该研究结果与青藏高原北部的敦德冰川（Thompson et al.，2006a）和古里雅冰川（Thompson et al.，1997）具有相似的 A_n 值，都表现为 17 世纪和 18 世纪较高，19 世纪持续较低，20 世纪又开始升高的特点。而位于喜马拉雅山的达索普冰川则

表 4-1　不同载体环境演变序列记录基本信息

区域	载体	采样点	经纬度	记录时段	主要代用指标	小冰期气候变化特征	参考文献
青藏高寒区	冰芯	普若岗日冰川	33.9°N，89.1°E	7～0 ka B.P.	氧同位素、氯化物、硫酸盐、硝酸盐等	暖湿-冷湿-暖湿	Thompson et al.，2006b
	冰芯	敦德冰川	38.1°N，96.4°E	520～1987 A.D.	氧同位素、氯化物、硫酸盐、硝酸盐等	暖湿-冷湿-暖湿	Thompson et al.，2006a
	冰芯	古里雅冰川	35.3°N，81.5°E	132～0 ka B.P.	氧同位素、氯化物、硫酸盐、硝酸盐等	暖湿-冷湿-暖湿	Thompson et al.，1997
	冰芯	达索普冰川	28.4°N，85.7°E	1000～1996 A.D.	氧同位素、氯化物、硫酸盐、硝酸盐等	暖湿	Thompson et al.，2000
	湖泊	Kiang Co 湖	30.6°N，81.7°E	1057～2007 A.D.	灰尘、碳酸钙	寒冷-温暖-寒冷	Conroy et al.，2013
	湖泊	苏干湖	38.9°N，93.9°E	1080～2000 A.D.	Mg、Sr、Ca	寒冷-温暖-寒冷	Zhang et al.，2009
	湖泊	青海湖	37.1°N，100.3°E	17.45～0.03 ka B.P.	色度	暖湿-冷湿-冷干-暖湿	Ji et al.，2005
	湖泊	希门错	33.4°N，101.1°E	1000～2000 A.D.	同位素、TOC 等	冷湿-冷干	Pu et al.，2013

续表

区域	载体	采样点	经纬度	记录时段	主要代用指标	小冰期气候变化特征	参考文献
东部季风区	湖泊	公海	38.9°N，112.2°E	842～2000 A.D.	磁性矿物	冷干-暖湿	Liu et al.，2011
	泥炭	红原泥炭	32.5°N，102.3°E	12～0 ka B.P.	腐殖化度	冷干	王华等，2003
	石笋	大禹洞	33.1°N，106.3°E	1248～1982 A.D.	氧同位素	湿润	Tan et al.，2009
	石笋	万象洞	33.3°N，105.0°E	192～2003 A.D.	氧同位素	干旱	Zhang et al.，2008
	石笋	董哥洞	25.3°N，108.1°E	641.30～0 ka B.P.	氧同位素	干旱	Wang et al.，2005；Cheng et al.，2016
	石笋	和尚洞	30.4°N，110.4°E	9.47～0 ka B.P.	碳、氧同位素	干旱	Hu et al.，2008
	石笋	莲花洞	29.5°N，109.5°E	6.59～0 ka B.P.	碳、氧同位素	冷干	Cosford et al.，2009
	石笋	石花洞	39.8°N，115.9°E	1520～1994 A.D.	碳、氧同位素	冷湿	Ku and Li，1998
	石笋	黄爷洞	33.6°N，105.1°E	138～2002 A.D.	氧同位素	暖湿-冷干-暖湿	Tan et al.，2011
	石笋	神奇洞	28.9°N，103.1°E	137～2010 A.D.	氧同位素	湿润	Tan et al.，2018
	湖泊	巢湖	31.6°N，117.4°E	9.87～0 ka B.P.	孢粉、炭屑、磁化率、粒度	暖湿-冷湿-暖湿	吴立等，2008；王心源等，2008

续表

区域	载体	采样点	经纬度	记录时段	主要代用指标	小冰期气候变化特征	参考文献
东部季风区	湖泊	四海龙湾	42.2°N，126.4°E	391～2002 A.D.	烯酮	寒冷-温暖-寒冷	Chu et al.，2011
	湖泊	湖光岩	21.1°N，110.3°E	15.42～0.10 ka B.P.	磁性矿物、磁化率	湿润-干旱-湿润	Yancheva et al.，2007
	泥炭	玉华山	27.9°N，115.6°E	2.0～0 ka B.P.	腐殖化度、烧失量、孢粉等	暖湿-冷干-暖湿	邓云凯等，2019
	泥炭	仙山	26.9°N，118.7°E	1.4～0 ka B.P.	α-纤维素碳同位素	干旱-湿润	雷国良等，2014
	泥炭	千亩田泥炭	30.5°N，119.4°E	4.6～0 ka B.P.	Rb/Sr、TOC、腐殖化度等	冷湿	张愈等，2015
	泥炭	哈尼泥炭地	42.1°N，126.3°E	11.5～0 ka B.P.	腐殖化度	寒冷	肖河等，2015
西北干旱半干旱区	石笋	科桑洞	42.9°N，81.8°E	50～0 ka B.P.	氧同位素	干旱	Cheng et al.，2012
南海	湖泊	东岛湖	16.7°N，112.7°E	1024～1996 A.D.	粒度、碳和氧同位素	冷湿-暖干	Yan et al.，2011
印度半岛	石笋	Dandak 洞	19.0°N，82.0°E	124～1562 A.D.	氧同位素	干旱	Berkelhammer et al.，2010
	石笋	Jhumar 洞	18.9°N，81.9°E	1075～2008 A.D.	氧同位素	干旱-湿润	Berkelhammer et al.，2010
	石笋	Wah Shikar 洞	25.3°N，91.9°E	1399～2007 A.D.	氧同位素	干旱-湿润	Sinha et al.，2011

续表

区域	载体	采样点	经纬度	记录时段	主要代用指标	小冰期气候变化特征	参考文献
中南半岛	石笋	Tham Doun Mai 洞	20.8°N，102.7°E	2～0.071 ka B.P.	碳、氧同位素	干旱	Wang et al.，2019
中亚地区	石笋	Bir-Uja 洞	40.5°N，72.6°E	1163～2011 A.D.	碳和氧同位素、Sr/Ca	干旱	Fohlmeister et al.，2017
	石笋	Uluu Too 洞	40.4°N，72.3°E	4.57～0.024 ka B.P.	碳和氧同位素、S/Ca	干旱	Wolff et al.，2016
朝鲜半岛	石笋	Yongcheon 洞	33.3°N，126.3°E	1767～2007 A.D.	碳、氧同位素	冷干-暖湿	Woo et al.，2015
蒙古—西伯利亚	冰芯	Belukha 冰川	49.8°N，86.6°E	1255～1975 A.D.	氧同位素	寒冷-温暖	Eichler et al.，2009
	湖泊	贝加尔湖	53.7°N，108.4°E	5.2 ka B.P.～2006 A.D.	孢粉、磁化率、粒度等	冷湿-暖湿	Mackay et al.，2013
	湖泊	Telmen 湖	48.8°N，97.4°E	7.0～0 ka B.P.	孢粉	冷干	Sarah et al.，2003

注：TOC 指总有机碳。

呈现出一种不同的模式：在 19 世纪的大部分时间中保持较高水平的 A_n 值。A_n 值的增加反映了夏季风的增强，同时也表明 33°N 以北的地区比南部更容易受西风带的影响（Thompson et al.，2000）。虽然喜马拉雅山与青藏高原北部地区的 A_n 值存在差异，但是它们的 $\delta^{18}O$ 或温度代用指标在低频次上的记录表现出相似的特征。此外，达索普冰川经历了很多次干旱，如 18 世纪 90 年代、17 世纪 40 年代、16 世纪 90 年代、15 世纪 30 年代等（Thompson et al.，2000）。由于亚洲夏季风是由来自南方低海拔和北方高海拔地区的气候系统组成部分驱动的，来自北方和南方的高分辨率气候记录对于评估夏季季风随时间的变化是必不可少的。珠穆朗玛峰的东绒布冰川冰芯记录了 1400 A.D.以来南亚季风的变化，发现 1400 A.D.以来季风环流的变化与太阳辐射的降低和小冰期的开始是同步进行的。此外，1400 A.D.以来对流活动减弱、降水量减少，以及 1534～1900 A.D.珠穆朗玛峰冰芯年积雪量减少佐证了这一观点，表明 1400 A.D.以来珠穆朗玛峰地区季风影响减弱。董哥洞（Wang et al.，2005；Cheng et al.，2016）石笋记录显示，亚洲夏季风强度的变化与太阳活动有关。这种由太阳活动引起的气候变化在西伯利亚 Belukha 冰芯（Eichler et al.，2009）和福建仙山泥炭（雷国良等，2014）中均有记录。记录显示，西伯利亚地区及福建沿海地区低温期的发生与太阳活动极小期（道尔顿极小期、蒙德极小期、斯波勒极小期、沃尔夫极小期等）大致相同，这反映了太阳活动对南北及东西部不同地区大尺度的影响非常明显。同时，红原泥炭腐殖化度也表明 1700 A.D.以来温度整体较低（王华等，2003）。然而，小冰期的气候并不是持续变冷的，而是升降并存的。青藏高原西南部的 Kiang Co 湖的灰尘含量表明，该地区在小冰期时的温度并不是一直持续寒冷的，1600～1800 A.D.

期间气温较高，而且这一变暖事件比中世纪气候异常末期更加强烈；苏干湖湖泊沉积物也记录了 1600～1750 A.D.的升温事件（Zhang et al.，2009）。同时，沉积物中碳酸钙的指示物 Ca 丰度表明，1300 A.D.左右开始的一次高 Ca 丰度期与西藏西部的社会动荡及农作物歉收等记录相关联，与 1300～1500 A.D.亚洲地区普遍干旱相对应，反映了该地区在这段时间处于弱季风控制状态（Conroy et al.，2013）。青海湖沉积物色度整体呈现出波动上升的趋势，表明了 15～16 世纪该地区整体较为干旱，从 16 世纪开始降水增多，至 17 世纪中期达到极大值，而后色度处于波动状态，但是 17 世纪至 19 世纪末 20 世纪初整体保持较高水平（Ji et al.，2005）。青藏高原东部的希门错碳氮同位素和 TOC 含量表明，小冰期前半段较为寒冷湿润，而后半段变为寒冷干燥的气候状态（Pu et al.，2013）。这与敦德冰芯 $\delta^{18}O$ 所记录的结果有所差异，可能的原因是希门错位于亚洲夏季风和西风带的过渡地带，受两者的共同影响，而敦德冰芯主要受西风带控制。同样位于我国夏季风季风区边缘的公海 GH09B1 岩心磁性矿物显示，该地区在中世纪以来存在两个温暖期和两个寒冷期，910～1220 A.D.（对应中世纪暖期）和 1850～2000 A.D.（对应小冰期后期和 20 世纪暖期）为两个温暖期，两个寒冷期分别为 840～941 A.D.和 1220～1850 A.D.，后者对应我国明清小冰期的前中期。四个时期当中，中世纪暖期，夏季风强劲，降水充沛，相比较而言，小冰期时期夏季风较弱，气候较为干燥（Liu et al.，2011）。

我国东部季风区也记录了与青藏高原相似的结果。其中，长江中下游地区巢湖湖泊沉积物的孢粉、炭屑、粒度、磁化率记录表明，1040～200 cal. B.P.气候整体表现为温凉湿润，该时期的后半段（大致相当于明清小冰期阶段）气候更加寒冷湿润，200 cal. B.P.至今气候又转为温暖湿润（吴立等，2008；王心源等，2008）。然而不同地区的环境载体信息对小冰期气候的干湿状况存在较大争议，陕西大禹洞 DY-1 石笋 $\delta^{18}O$ 记录了过去 750 年来夏季风降水量的变化，1249～1530 A.D.夏季风降水量逐渐增加并保持较高值，1685 A.D.以后降水量开始减少，但有明显的年代际到百年尺度的波动。研究结果表明，该地区在明清小冰期夏季风降水量增加，整体处于湿润状态（Tan et al.，2009），这在相关参考文献中得到了印证（中央气象局气象科学研究院，1981）。此外，长江中游的清江和尚洞 HS-4 石笋 $\delta^{18}O$ 表明，小冰期有明显的多世纪干旱期，且干旱期与北大西洋寒冷期存在遥相关（Hu et al.，2008）。湖南莲花洞 A1 石笋 $\delta^{13}C$ 记录了三个气候阶段，而明清小冰期整体上处于最后一个时期的冷干期阶段（Cosford et al.，2009）。蒙古国 Telmen 湖孢粉记录显示，中世纪暖期温暖湿润，而小冰期的气候寒冷干燥（Sarah et al.，2003）。江西玉华山泥炭钻 YHS1 和 YHS2 烧失量、腐殖化度、孢粉等指标记录表明，中世纪暖期玉华山地区温暖湿润，季风带来较多降水，Al、Ti 等外源碎屑元素含量较高，而明清小冰期（1450～1900 A.D.）阶段相对于中世纪暖期来说降水明显减少，气候环境变干，显示了明清小冰期时东亚季风减弱，小冰期过后，东亚夏季风再次增强，气候温暖湿润（邓云凯等，2019）。而浙江千亩田泥炭 Rb/Sr、TOC 及腐殖化度等指标则记录了中世纪暖期的暖干气候及明清小冰期的冷湿气候（张愈等，2015）。朝鲜半岛的济州岛 Yongcheon 洞 YC-2 石笋记录显示，18 世纪中后期（阶段一），气候寒冷干燥，反映了小冰期后半段东北亚夏季风较弱；18 世纪末至 19 世纪前中期（阶段二），从小冰期向当前的温暖湿润转变，该阶段小冰期气候特征逐渐减弱；19 世纪 70 年代以来（阶段三），济州岛地区的小冰期最终结束，气候变为当前全球变暖的温暖湿润状态（Woo et al.，2015）。北京西南石花洞 S312 石笋 δ^{18}O 和 δ^{13}C 反映的过去 480 年气候变化表明，1620～1900 A.D.的温度低于 480 年里温度的平均值，与欧洲小冰期相对应，而 1520～1620 A.D.及 1900～1994 A.D.的气温高于 480 年中的平均值，其中 1550～1570 A.D.气候异常温暖，接近于现在的气温，而 1570～1660 A.D.出现变冷的趋势，1880 A.D.以后气候逐渐朝着变暖的趋势发展，这与全球变暖的趋势一致（Li et al.，1998；Ku and Li，1998）。东北哈尼泥炭腐殖化度表明，千年来哈尼泥炭地气候整体呈变冷状态，中间出现了一次变暖事件，对应于中世纪暖期，而后又开始下降，直到 19 世纪再次开始升温（肖河等，2015）。四海龙湾沉积物记录了我国东北地区 1600 年以来的温度变化，寒冷期主要发生在 480～860 A.D.、1260～1300 A.D.、1510～1570 A.D.和 1800～1900 A.D.，与 20 世纪相比，平均温度低了 1℃（Chu et al.，2011），13 世纪晚期的气候变冷可能与 1259 A.D.的火山喷发有关，小冰期（1400～1900 A.D.）有 53%的年份经历了极端的冷夏/暖冬事件，而中世纪暖期（900～1300 A.D.）则经历了更为温暖的暖冬事件。不仅我国东部季风区存在这种规律，贝加尔湖沉积物也记录了气候在中世纪暖期表现为温暖湿润，而小冰期则比之前更加寒冷湿润，尤其是 1845 A.D.以来温度和降水异常增加（Mackay et al.，2013）。我国东南沿海地区的湖光岩沉积物磁化率特征呈“V”字形，即明朝中前期的气候整体较为湿润，而后逐渐变得干旱，到 17 世纪中叶（明朝末年）达到最小值，这次干旱事件推动了明朝的灭亡，而后在清朝统治时期，气候又逐渐变得湿润，与明朝前期达到相同湿润水平（Yancheva et al.，2007）。这种气候变化影响朝代变更的例子在甘肃省黄爷洞（Tan et al.，2011）、万象洞（Zhang et al.，

2008）、神奇洞（Tan et al.，2018）的环境载体信息中均有记录。

甘肃万象洞 WX42B 石笋记录表明，夏季风在欧洲中世纪暖期表现得很强烈，而在小冰期时相对较弱，1020 A.D.之后，夏季风波动很大，总体较强，直到 1340～1360 A.D.开始迅速减弱，14 世纪中期至 19 世纪一致处于弱季风状态（Zhang et al.，2008）。这一发现与印度中部的 Dandak 洞穴氧同位素记录具有很大的相关性，在 16 世纪之前，两者的 $\delta^{18}O$ 变化趋势非常接近，相关性指数在 800～1420 A.D.达到 0.81，尤其是都存在 900 A.D.、1050 A.D.、1375 A.D.三个相同年份的极大值，两者的强相关性反映了区域季风环流，以及两者有着共同强迫机制来控制降水量（Berkelhammer et al.，2010）。本书还选取了印度其他两个洞穴的石笋记录进行对比，Jhumar 和 Wah Shikar 洞穴的 Jhu-1 和 WS-B 石笋（Sinha et al.，2011）$\delta^{18}O$ 记录了几个多年到几十年的季风降水减少的实例，特别是在 13～17 世纪期间，这一点得到了印度饥荒历史记录的证实，而后印度气候逐渐开始变得湿润；1400～1700 A.D.气候较为干旱，而后开始变得湿润，$\delta^{18}O$ 值在 1715 A.D.达到极值，这反映了印度季风降水和环流增加。所得结果与上述的 Dandak 洞穴石笋及万象洞石笋所记录的小冰期干旱期大致相同，但是自 18 世纪左右，Jhumar 和 Wah Shikar 洞穴石笋记录的气候开始变得湿润，可能的原因是，热带辐合带的平均纬度北移，且伴随着较强的低层西风带，导致 17 世纪末季风突然增强（Sinha et al.，2011）。这表明热带辐合带对低纬度地区的气候产生了很大影响。此外，热带辐合带北端（包括东亚大陆）在 1400～1850 A.D.表现为寒冷干燥（Zhang et al.，2008），而位于热带辐合带南端（包括印度尼西亚）的地区则更加凉爽湿润（Tierney et al.，2010；Wang et al.，2019）。位于热带辐合带北端的老挝北部琅勃拉邦省 Tham Doun Mai 洞穴（Wang et al.，2019）石笋 δ^{18}O 记录显示，小冰期整体上处于干旱状态，最干旱的时期为 1280～1430 A.D.。我国南海西沙群岛的东岛湖沉积物 δ^{18}O、δ^{13}C 和粒度显示了温暖时期（1024～1400 A.D.和 1850～1996 A.D.）降水较少，寒冷时期（1400～1850 A.D.）降水较多。然而东岛湖位于热带辐合带北部，当热带辐合带南移时，小冰期期间本应变得干冷，而湖泊沉积记录显示该地区为湿润的状态，所以热带辐合带的移动不是东岛湖降水的唯一影响因素，推测可能受太平洋沃克环流在小冰期时向西移动的影响，导致小冰期时中国南海地区降水增多（Yan et al.，2011）。

中亚地区更多地受到北大西洋涛动（north Atlantic oscillation，NAO）及西风带影响。吉尔吉斯斯坦 Fergna 盆地南部边缘的 Bir-Uja 洞（Fohlmeister et al.，2017）Keklik1 石笋记录表明，冬季北大西洋涛动指数的负向变化与冬季降水的显著减少在时间上相对应。因此，认为北大西洋至中亚的北大西洋涛动指数及由此产生的冬季西风带强度和方向是天山西部地区冬季降水有效性的主要驱动因素。同样位于吉尔吉斯斯坦的 Uluu Too 洞穴石笋（Wolff et al.，2016）也肯定了北大西洋涛动及西风带对中亚地区气候的影响。此外，位于新疆维吾尔自治区特克斯县的科桑洞穴（Cheng et al.，2012）KS08-1-H、KS06-A-H-1、KS06-A-H-2、KS08-2-H 石笋 δ^{18}O 记录也表明，该地区的水文气候变化主要受西风带控制，虽然 δ^{18}O 记录的时间分辨率不高，但是仍旧可以看到小冰期时期的 δ^{18}O 整体偏高，表明小冰期时期的气候较为干旱，其中 14 世纪末、15 世纪的气候尤为干旱。

从不同载体所记录的环境气候信息（表 4-1）中可以看出，无论是我国青藏高寒区、东部季风区、西北干旱半干旱区，还是印度半岛、朝鲜半岛和中亚地区，在长时间尺度对气候的响应上具有一致性。但是，在较短的时间尺度上，不同学者所得结论不同，有人认为小冰期整体处于干冷状态，有人认为小冰期整体是湿冷的，也有人认为小冰期经历了从干冷到湿冷的变化，等等。由于代用证据来源广泛、代用指标类型多样，各种指标对气候环境变化的响应特征不同，且许多代用指标（特别是源于自然证据的理化与生物指标）还常受温度、降水（干湿）及其他气候因子的共同影响，加之全球气候环境也存在显著的时空差异，使得不同代用证据、不同指标的气候指示意义不一，即使是同一指标所指示的气候环境要素及其时间尺度、空间范围与敏感度也存在时空差异（Cristiansen and Ljungqvist，2017；Dee et al.，2016；Wahl and Smerdon，2012；Chen et al.，2021；郑景云等，2021）。此外，代用指标长时间尺度的测年误差及气候的区域差异也会对重建结果造成影响（An et al.，2000；Herzschuh et al.，2019；Jiang et al.，2020）。例如，大禹洞重建的气候结果与万象洞和董哥洞（Wang et al.，2005；Cheng et al.，2016）的结论相悖，这说明中国中部地区降水对亚洲夏季风的响应存在空间差异，这可能是地形（高原、盆地和河流等）和大气环流（印度夏季风、东亚夏季风、西风带等）的复杂性造成的。小冰期作为气候历史上的漫长寒冷期，对全球环境的影响毋庸置疑，但具体到徽州地区，不能套用其他地区对小冰期气候的响应规律，应该结合徽州地区具体的地理环境进行分析。通过对明清时期徽州地区自然灾害的整理，结合前人对小冰期气候的研究成果，可以看出：

（1）14 世纪至 15 世纪中后期，气候干湿变化不显著，灾害的发生频次不高且相差不大，这是徽州地区的灾害低发时期，但是徽州地区的旱灾略高于水灾。达索普冰川（Thompson et al.，2000）、苏干湖沉积物（Zhang et al.，2009）、青海湖沉积物（Ji et al.，2005）、科桑洞石笋（Cheng et al.，2012）、Jhumar 和 Wah Shikar 洞穴石笋（Sinha et al.，2011）表明 14～15 世纪的气候较为干旱，与徽州地区旱灾多于水灾的情况一致。

（2）15 世纪中后期至 17 世纪中期气候变干，徽州地区的自然灾害进入高发期，而且旱灾的发生频次高于其他灾害，尤其是 15 世纪中后期与 17 世纪中期旱灾最为频繁，其中 1471～1490 A.D.的 20 年里共发生旱灾 24 次，平均每年至少发生一次旱灾，而且成化八年（1472 A.D.）、成化十四年（1478 A.D.）和成化十六年（1480 A.D.）发生了徽州六县范围的旱灾。此外，“旱”的发生频次在 17 世纪中期达到最大，如崇祯九年（1636 A.D.）的休宁和黟县，崇祯十一年（1638 A.D.）的歙县，崇祯十三年（1640 A.D.）的休宁，崇祯十四年（1641 A.D.）的歙县，顺治三年（1646 A.D.）的婺源，顺治四年（1647 A.D.）的歙县、绩溪、婺源和休宁，以及顺治十一年（1654 A.D.）的歙县和绩溪都发生了等级为“旱”的旱灾。由此可见，这两个时期的旱灾十分严重。Yongcheon 洞石笋（Woo et al.，2015）、湖光岩沉积物（Yancheva et al.，2007）、万象洞石笋（Zhang et al.，2008）、Jhumar 和 Wah Shikar 洞穴石笋（Sinha et al.，2011）均从宏观上记录了这段时间处于干旱时期，与徽州地区旱灾频次高的规律相吻合。

（3）17 世纪中期至 19 世纪初，小冰期逐渐进入极盛阶段，各种自然灾害频繁发生，徽州地区的自然灾害迎来第二个高发期。18 世纪末 19 世纪初水旱灾害比例迎来了转折点，水灾出现超过旱灾的趋势，但是水灾的发生频次仍然存在波动，反映了这段时间的干湿状态不稳定，存在间歇性的干湿变化。除此之外，受季风降水增强和气温降低的影响，徽州地区的雹灾绝大多数发生在 17 世纪中后期至 19 世纪末的时间里，共发生了 14 次雹灾，占雹灾总数的 75.5%，其中康熙十七年（1678 A.D.）2 次、康熙二十五年（1686 A.D.）1 次、康熙二十六年（1687 A.D.）1 次、乾隆二十年（1755 A.D.）2 次、乾隆二十七年（1762 A.D.）1 次、乾隆五十八年（1793 A.D.）1 次、嘉庆十一年（1806 A.D.）1 次、咸丰元年（1851 A.D.）4 次、光绪五年（1879 A.D.）1 次。Jhumar 和 Wah Shikar 洞穴石笋（Sinha et al.，2011）记录了 18 世纪气候开始变得湿润，东岛湖沉积物（Yan et al.，2011）记录了该时期降水较多，Yongcheon 洞穴石笋（Woo et al.，2015）记录了 19 世纪前中期气候开始变得湿润，虽然时间记录存在差异，但是都反映了该时期气候开始向湿润过渡。

（4）19 世纪至 20 世纪，气候开始变得湿润，主要表现为水灾在自然灾害中所占的比例越来越高，最后超过旱灾，成为该时期徽州地区最主要的自然灾害类型，尤其是光绪三十四年（1908 A.D.），徽州各县均发生了灾情严重的水灾，被称为“百年未有之奇灾”。在本书收集的最后 20 年的灾害数据里，徽州地区共发生自然灾害 17 次，其中风灾 1 次，旱灾 2 次，而水灾发生了 14 次，而且光绪三十四年（1908 A.D.）和宣统三年（1911 A.D.）发生了徽州六县范围内的大水灾，说明 19 世纪末 20 世纪初的水灾之严重。与徽州的气候相对应，普若岗日冰川（Thompson et al.，2006b）、敦德冰川（Thompson et al.，2006a）和古里雅冰川（Thompson et al.，1997）均记录了 19～20 世纪整体上处于温暖湿润的状态。除了水旱灾害之外，徽州地区的雹灾、冷灾、风灾、虫灾和地震在清代的发生频次远高于明代，说明 17 世纪中期至 20 世纪初的气候环境更适合灾害的孕育。虽然本书没有收集 20 世纪以来的灾害数据，但是从 19 世纪末 20 世纪初的灾害发展趋势来看，水灾将会是未来徽州地区的主要灾害类型，并且将在相当长的时间内占据主导地位，这与 19 世纪末 20 世纪初的全球气候状态开始变得温暖湿润相对应（刘敬华，2008；Li et al.，1998；Ku and Li，1998）。此外，中国中东部地区（如华北、江淮和江南各地）在清代整体偏湿润，其中 1895～1910 A.D.降水十分充沛，从 20～30 年的年际尺度上看，江南各地处于从偏干向偏湿过渡的状态（Zheng et al.，2006；葛全胜等，2011），与本书所得结论大致相同。

由上述分析结果可知，徽州地区对明清小冰期的气候响应主要经历了从暖湿到冷干，由冷干到冷湿，而后又变为暖湿的过程。气候的这些变化不是一蹴而就的，无论是温度的升降，还是降水的增减，都是逐渐变化的过程，加之区域地理环境的差异，不同地区气候变化的幅度与速度不同，导致有些地区整体上较为干燥，而有些地区更加偏向于湿润，还有些地区则介于两者之间。所以，抛开局部的变化来看徽州地区小冰期的气候状况存在一定的片面性，也不利于具体问题的分析与解决。小冰期气候变化复杂，应该着眼于气候变化的具体过程，尤其是气候转变的时期。总结前人基于不同载体的气候演变，参考过去千年气温变化情况（图 4-2），结合徽州地区的历史灾害资料记载，得出徽州地区气候变化的具体过程如下。

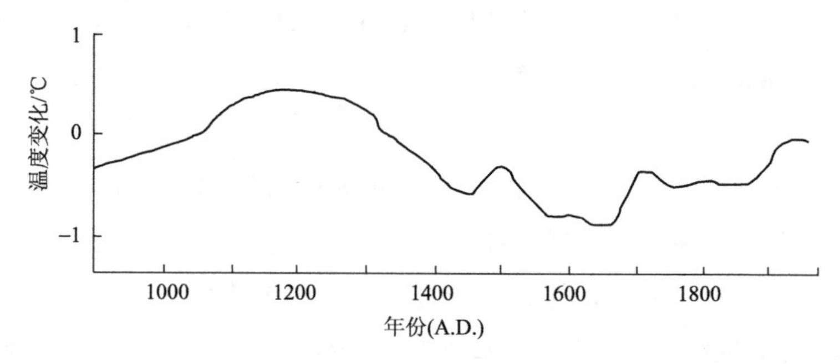

图 4-2　千年来北半球气温变化示意图（据 IPCC，1990；葛全胜等，2013b 改）

由于中世纪暖期气候整体表现为温暖湿润，所以，14～15 世纪，气候虽然开始出现温度降低、降水减少的趋势，但是变化幅度不大，整体上仍然较为温暖湿润；15 世纪开始，气候逐渐变冷、变干，直到 17 世纪中叶，气候变得极为寒冷干燥；而后降水开始逐步增加，小冰期逐渐进入极盛期，气候表现为寒冷湿润，直到 19 世纪末 20 世纪初，小冰期结束，温度开始升高，降水仍然保持较高水平，气候开始进入当前的全球变暖阶段。明清时期徽州地区的灾害与亚洲地区在小冰期的气候变化基本相同，虽然有些事件不完全吻合，但是宏观上是一致的，尤其是某些灾害严重的事件在徽州也有反映，既说明了这些气候变化的剧烈，也说明了徽州地区灾害史料的记载对全球气候产生了积极的响应。通过研究历史资料中的记载，延长气候变化序列，为全球气候变化演变规律的研究起到积极作用。

4.2　不同区域对比分析

徽州地区作为我国亚热带北部山区的典型代表，其自然灾害发生规律具有亚热带和温带的一般性，但是其特殊的自然地理环境又使该地区的自然灾害发生规律具有不同于其他地区的独特性。本节通过与我国其他地区的自然灾害进行对比分析，探讨徽州地区自然灾害时空分异的一般性和特殊性，进一步研究徽州地区自然灾害的时空分异特征。

整体上看，与我国其他地区（党群等，2018；Wu et al.，2018；施由民，2000；何妍和杨柳青青，2017；曹罗丹等，2014）一样，水旱灾害是明清时期当地的主要灾害类型，而徽州地区的水旱灾害在自然灾害类型中所占比例更大，即水旱灾害的发生频次远高于其他灾害类型。虽然黑河流域（位于祁连山和河西走廊中段，横跨青、甘、内蒙古三省）（史志林和董翔，2018）在明清时期水旱灾害的发生频次最多，但是该地区的雹灾、风灾和地震的发生频次也较高，其中地震灾害尤为严重，其在明代超过了水旱灾害的总和。此外，江苏沿海地区（曹罗丹等，2014）台风和潮灾的发生频次与水旱灾害相差不大；陕北地区（党群等，2018）在明清时期不仅水旱灾害频仍，而且雹灾的发生频次也很高，对当地造成了较为严重的威胁。从具体的水灾和旱灾来看，我国很多地区（邵侃和商兆奎，2015；唐霞和张志强，2017；马强和杨霄，2013）的水灾与旱灾发生频次相差不大，但是长江流域的水灾更加频繁，如明清时期江苏地区（万红莲等，2017c）的水灾是旱灾发生频次的两倍有余，皖江地区（王艳红和庄华峰，2014）、都江堰地区（侯雨乐等，2017）及鄱阳湖流域（唐国华和胡振鹏，2017）的水灾相较于旱灾都更为严重，汉江流域的水灾更是学者们的研究热点（姬霖和查小春，2016；李晓刚和孙娜，2015；党群等，2015）。从水灾的空间分布来看，河流系统发达地区的水灾发生频次高于河流少的地区，汉江流域、江浙沿海地区、鄱阳湖流域、都江堰地区及皖江地区是我国水灾发生较多的地区，这些地区拥有较为发达的河流网，而且地势低平，水灾较为严重。徽州地区的新安江流域同样孕育了发达的河流系统，河网密布，加上新安江流域地势低平，且周围被群山环绕，洪水不易排出，导致这里成为受水灾威胁严重的地带。相比较南方而言，我国北方地区则表现得更加干旱，如宝鸡地区（Wan et al.，2018）在明清时期的旱灾发生频次是水灾的1.8倍，黑河流域（唐霞和张志强，2017）的旱灾是水灾发生频次的1.4倍，内蒙古地区（Xiao et al.，2013）、关中地区（张蓓蓓等，2018）及华北地区（萧凌波，2018）等在明清时期都发生了严重的旱灾。我国北方地区的干旱灾害主要受气候因素主导，如华北平原在 1720～1723 A.D.和 1743～1745 A.D.由于气候偏暖偏干而发生旱灾，而徽州地区的旱灾除受气候影响外，也受到地形的影响。徽州地区主要的地形类型是山地和丘陵，所以，该区的耕地大多为坡耕旱地，这种耕地土层浅薄，有机质含量低，容易沙化，土壤保水保肥能力差，即便遇到雨季，也难以蓄水以供作物生长，而且陡峭的山地类型给人工灌溉增加了很大的困难。而华北地区的地形多为平原，土壤不仅能够很好地储蓄水源，而且人工灌溉难度较小。所以，即便有同样的气候条件，徽州更易发生旱灾。清代徽州地区的水灾开始超过旱灾，除了气候变得湿润的原因外，也可能是该地改进蓄水灌溉措施，使坡地农作物的灌溉条件得以改善，从而减少了旱灾的发生频率。

除了水旱灾害，徽州地区还有雹灾、冷灾、风灾、地震和虫灾等自然灾害类型。将明、清两个朝代的自然灾害频次进行比较可以发现，清代的自然灾害发生频次整体上高于明代，并呈不断增长的趋势。这一现象和小冰期发展到清代时强度达到最大的研究结果较为契合。小冰期发展强盛，对应的是气候异常期各种灾害频发（何妍和杨柳青青，2017；曹罗丹等，2014）。此外，徽州地区的雹灾、冷灾、风灾、地震和虫灾的发生频次不仅整体上是清代高于明代，而且每一个灾种的发生频次都表现出清代高于明代的特征。这是徽州地区自然灾害发生规律的一个明显特征，而在其他地区则鲜有这种规律。如江西地区（施由民，2000）的虫灾、雹灾、冻灾等灾害清代时发生频次高，而风灾、饥荒和疫灾等则是明代更高；黑河流域（史志林和董翔，2018）的水灾、旱灾、雹灾、冷灾、风灾和虫灾的发生频次为清代高于明代，但是其地震灾害在明代的发生频次明显高于清代；陕北地区（党群等，2018）的水灾、雹灾和冷灾的发生频次在清代较高，但是旱灾和虫灾的发生频次在明代更高。与这些地区相比，徽州地区自然灾害的规律性更加明显，这表明徽州地区对小冰期盛期的响应更加强烈。

冰雹灾害的发生具有明显的季节分布特征。王秋香和任宜勇（2006）的研究表明，新疆地区的雹灾主要集中在四月到九月之间；王朋等（2018）的研究发现，明清时期关中地区的雹灾在四月发生频次最高，其次是六月、七月、五月和三月，夏秋季节多，而冬春季节少；万红莲等（2017a）通过对陕西地区历史文献中记载的雹灾进行研究，发现夏秋季节是雹灾的高发期，冬季很少发生雹灾。从全国范围看，雹灾主要发生于三月到八月之间，其他时段的降雹现象较少（吴滔，1997），徽州地区的雹灾在季节分布上符合这一规律，主要集中在春季、夏季和秋季，而冬季没有雹灾的记载。有研究表明，冰雹灾害在高原和山地多于平原地区，而沿海地区发生较少。例如，1971～2000 A.D.，雹灾主要集中在华北北部和内蒙古高原，其中太行山山脉和阴山山脉地区雹灾最为严重，大兴安岭和湖南武陵山地区的雹灾发生频次也较为频繁，而且山东中东部的丘陵地区比华东其他地区更易产生雹灾，但华北平原和华东平原不容易产生雹灾（余蓉等，2012）。徽州地区为群山所环绕，中部为河谷平原，四周为高大的山脉，其中，五龙山面朝鄱阳湖，东南季风受五龙山的阻挡在此形成降水，所以，五龙山以南的婺源是雹灾最严重的地区，这一现象从徽州的小区域范围反映了我国大尺度雹灾的分布规律。虽然徽州地区雹灾发生频次不高，但是在时间及空间分布上与我国其他雹灾的整体分布规律具有一致性。

冷灾是指来自北方的强冷空气向南猛烈侵袭的现象，具有范围广、强度猛、时间长等特点，包括低温连续阴雨、低温冷害、霜冻和寒潮等类型，主要发生在冬季或春秋转换季节，地表温度下降使农作物受到影响或损伤，给农业生产带来严重威胁（安徽省气象局资料室，1983；安娟等，2013）。所以，温度的变化是形成冷灾的重要驱动因素。小冰期发展到清代时达到盛期，气温整体上低于明代，所以冷灾的发生频次较明代多，这与江西（施由民，2000）、黑河流域（史志林和董翔，2018）及陕北（党群等，2018）等地区相一致。而在季节分布上，徽州地区与其他地区有所不同。汉江上游地区（彭维英等，2013a）的冷灾主要集中在春季与秋季，这是因为汉江上游位于我国亚热带的北界，农作物播种时间较早，冷灾会影响农作物播种与生长，而秋季是农作物收获的季节，此时农作物急需热量以供其果实成熟，气温的异常降低会推迟农作物成熟的时间，甚至影响农作物的产量与质量，虽然冬季也有冷灾发生，但是频次不高，而且对作物的影响不如春季和秋季；陕西地区（宋海龙等，2018）的冷灾同样在春季和秋季时最为严重，陕西地跨北温带和亚热带，气温变化幅度随自然带而呈现出不同的变化，加之地形地貌的影响，区域内气温随地形也呈现出不同的变化，气温的上下波动易引发冻害，若当地气温的波动幅度跨越 0℃时，易使当地发生霜冻灾害。与之不同，徽州地区的冷灾主要集中在冬季，这是由徽州地区的受灾体与其他地区不同决定的。徽州地区山地和丘陵众多，农作物种植难度相对较大，而林木资源较为丰富，冬季的酷寒对树木生长尤为不利，如万历七年（1579 A.D.）“（绩溪）秋蝗，冬木冰”（清恺和席存泰，1998）；顺治十一年（1654 A.D.）“（婺源）冬，奇寒，大木皆槁，河冰合，月余不解”（将灿，1975）；康熙二十九年（1690 A.D.）“（婺源）冬奇寒，大木尽槁”（葛韵芬和汪峰青，

1998)；乾隆五十五年（1790 A.D.）“（绩溪）冬木冰，花果竹木多冻死”（清恺和席存泰，1998)；咸丰二年（1852 A.D.）“（徽州）冬大雪，平地二尺许，雨木冰”（周溶和汪韵珊，1998)；咸丰十一年（1861 A.D.）“（祁门）十二月大雪，计深四尺，鸟兽冻死无算，花果竹木多枯”（周溶和汪韵珊，1998)。因此，由于主要受灾体不同，徽州地区与其他地区的冷灾在季节分布上存在很大的差异。

在风灾方面，我国鄂尔多斯高原（罗小庆和赵景波，2016）处于北半球的盛行西风带，常年受盛行西风控制，西风带是极锋活跃的地带，因此高原上常会出现移动性的气旋、反气旋自西向东运动，容易产生大风灾害。鄂尔多斯高原的风灾除受西风带的影响之外，更多地受蒙古-西伯利亚冷高压的影响，该冷高压以冬季风或西北季风的形式影响鄂尔多斯高原。鄂尔多斯高原风向主要是西北风，强冬季风活动是鄂尔多斯高原风灾发生的主要原因。南疆地区风灾的形成主要是由于强冷空气的入侵，其来源分为乌拉尔山高压脊发展类、欧洲高压脊东南衰减类和纬向槽脊东移类，这些大规模的冷空气入侵是南疆地区风灾发生的主要原因（满苏尔·沙比提等，2012)。我国东南沿海地区的风灾主要为台风灾害，我国长三角地区、台湾岛、台湾海峡及福建东部沿海、浙江省南部均为台风穿行的高频区，这些地区的台风灾害严重，容易形成严重威胁社会经济发展的台风灾害链（帅嘉冰等，2012)。皖南地区夏季大气层极不稳定，空气强烈对流上升，四周空气向中心汇合，区域内的气旋等天气系统提供了强烈辐合上升的旋转流场，容易形成灾害性的大风天气（吴媛媛，2014)。这些大风天气给徽州的林木、房屋建筑、农作物等造成严重破坏，威胁人们生命财产安全。如万历二年（1574 A.D.）“（休宁）

东南乡大风拔木”（廖腾煃和汪晋征，1970）；万历三年（1575 A.D.）“（休宁）榆树大风坏屋”（廖腾煃和汪晋征，1970）；康熙十一年（1672 A.D.）“（休宁）六月东南乡大风拔木，坏庐舍”（廖腾煃和汪晋征，1970）；乾隆二十八年（1763 A.D.）“（歙县）三月二十二日，大风拔木偃屋压死人畜无数”（石国柱等，1998）。此外，徽州还有大风中伴随雷雨天气的记载，如乾隆二十年（1755 A.D.）“（绩溪）三月大风、雷电、雨雹”（清恺和席存泰，1998）；咸丰六年（1856 A.D.）“（婺源）六月，大风雷雨，婺南高安等处大木尽拔”（葛韵芬和汪峰青，1998）。因气流不稳定而导致的风灾在我国其他地区也有出现，如湖北西部地区，其地貌类型复杂多样，海拔高差大，湖北西部的秃岭和武陵山、大巴山相夹的峡口地区易造成气流的不稳定，来自北方的冷气流与来自南方的暖气流在此汇合，容易产生大风灾害，峡口通道的南北近端口成为湖北风灾的高发区（谢萍等，2013）。

在地震方面，与我国其他许多地区一样（刘成武等，2004；万红莲等，2006），虽然具有一定的周期性，但是地震活动的涨落非均匀性十分明显，在时间上地震的发生具有较强的随机性，而地震在空间上的分布则取决于地震活动的频率。我国的地震活动主要分布在五个地区的 23 条地震带上，分别为：台湾及其附近海域；西南地区，包括西藏、四川西部和云南中西部；西北地区，包括甘肃河西走廊、青海、宁夏、天山南北麓；华北地区，包括太行山两侧、汾渭河谷、阴山—燕山一带、山东中部和渤海湾；东南沿海地区，包括广东和福建等地（吴媛媛，2014）。刘毅和杨宇（2012）通过对历史文献和史料记载的整理，指出历史时期陕西、山西、甘肃、宁夏等地的地震灾害较多，其中甘肃地区的地震灾害尤为严重，其他地区的地震灾害相对较少。安徽地区地震灾害较少，且多为中度地震，这是由安徽地区地震活动频率较低决定的。从安徽新生代活动断裂分布中可以看出，安徽 $M \geq 4.5$ 的历史地震主要与落儿岭—土地岭断裂、枞阳—宿松断裂、罗河断裂、和县—铜陵断裂、江南断裂、郯庐断裂、葛公镇断裂、旌德断裂、汤口断裂、涡河断裂、东关—桥头集断裂、肥西—南陵断裂、宿南断裂、临泉—刘府断裂、颍上—定远断裂、韩摆渡—肥西断裂、金寨—西汤池断裂、青山—晓天断裂、周王深断裂等断裂带有关，且大多数历史地震发生在两组或两组以上断裂的交会部位，而徽州地区的断裂带很少，更鲜有两组或两组以上的断裂交会，所以其地震发生不多。此外，安徽历史上共有 52 次有破坏记载或有较为完整等震线资料的 $M \geq 4.0$ 地震，这些地震的发生地点分别为寿县、霍山、宿松、泾县、涡阳与亳州之间，天长、潜山、滁州、涡阳、贵池、灵璧、太平与旌德之间，芜湖、怀宁、萧县、颍上、凤阳、合肥、巢湖、五河、凤台、定远、六安、庐江、固镇、马鞍山、利辛、阜南等地（张杰等，2004）。而徽州各县不在这些地震记载之列，徽州历史资料文献记载中对地震灾害的描述也表明其危害程度不高。例如，嘉靖三十九年（1560 A.D.）“（绩溪）二月二十八日，申时隐隐有声”（清恺和席存泰，1998）；顺治九年（1652 A.D.）“（绩溪）二月，地震从西而东”（清恺和席存泰，1998）；道光三十年（1850 A.D.），“（婺源）十月，地震，有声如雷”（葛韵芬和汪峰青，1998）。由此可见，无论从小范围还是大尺度的地质背景来看，徽州地区的地震灾害均不严重。

虫灾包括多种农业害虫，它们有的咬根，有的蛀茎，有的食叶，有的为害花蕊、果实和种子，有的在危害农作物的同时间接传播病害（王华夫和李微微，2005）。徽州地区的虫灾包括蝗虫、贼和蟆等类型，其中以蝗灾的发生频次最高（吴媛媛，2014），蝗灾也是我国其他地区普遍存在的虫灾类型。研究表明，1671～1672 A.D.是苏浙皖三省的蝗灾大爆发期（闵宗殿，2004），徽州的历史文献中也记录了这次蝗灾（廖腾煃和汪晋征，1970）。山东（张学珍等，2007）、晋陕蒙（李富民等，2019）及京津冀（孔冬艳等，2017）等地区的小波分析显示，这些地区在历史时期发生的蝗灾存在不同程度的周期性波动，然而我国其他很多地区的蝗灾研究表明，蝗灾的发生没有明显的周期性规律（李钢等，2015）。同样，明清时期徽州地区的蝗灾由于发生频次太少，不具备统计学意义，因而没有周期性规律。虽然与我国东部季风区广大地区的蝗灾发生季节一致，集中于夏秋季（李钢等，2015；陈业新，2005），但是徽州地区的蝗灾发生频次明显少于周围地区。水域环境变迁对蝗区分布产生显著影响，特别是在湖泊周边、河流沿岸干旱发生时出现大面积的浅滩、淤浅河道和抛荒地，极有利于散居型飞蝗沿退水地带集中产卵，并迅速增加种群密度（孔冬艳等，2017）。元明清时期的蝗灾主要发生在河北、山东、河南、江苏、安徽、湖北等地，其中江苏、安徽、湖北三省的蝗灾主要集中分布在北部，临近山东、河南二省（施和金，2002），距离徽州较远，这些地区多为黄淮海流域的冲积滩地、河间洼地和海滨平原，为蝗虫繁衍提供了良好的条件，而徽州地区缺少蝗虫生存繁衍的条件，所以发生频次不多。

第5章　明清时期徽州地区自然灾害的影响因素

5.1　自然因素

通过对国内外自然灾害的研究，学者们（徐道一等，1984；李树菁，1988）认为天文因素对自然灾害的发生起着关键作用，并建议把明清时期的自然灾害群发期称为“明清宇宙期”，可见天文因素对明清时期自然灾害的影响之大。Gribbin 和 Plagemann 指出，当所有行星在太阳的同一侧排成一条线时，对太阳施加的潮汐力可达到最大值，从而引起太阳黑子增多等太阳爆发现象，较多的太阳粒子到达地球高层大气，导致地球大气的气团异常移动，并由此改变地球的自转速度和触发地震（任振球，1990；宋正海等，2002b）。1665 A.D.九星地心会聚，导致 1665 A.D.及其临近年份地震灾害频繁发生，如康熙四年（1665 A.D.）的休宁（廖腾煃和汪晋征，1970）和康熙七年（1668 A.D.）的徽州六县（彭泽和汪舜民，1982）都发生了地震灾害。太阳活动除受行星潮引力的影响外，还存在着 11 年的周期性变化。相关研究表明，太阳黑子在 15～18 世纪具有起伏期，最高峰出现在 16～17 世纪，18 世纪之后开始降低（宋正海和张秉伦，2002）。与之对应，1510～1710 A.D.徽州的水旱灾害较为频繁。一般来说，水旱灾害是降水异常的结果，降水的反常与大气环流有关，而大气环流与太阳活动有着密切的联系（乔盛西，1963）。太阳活动强烈时期，地球上盛行经向环流，来自高纬的冷气团和来自低纬的暖气团交替频繁，导致旱涝等反常天气的发生（施和金，2004）。徽州地区位于东亚大陆，介于 29°～31°N，是冷暖气团来往的必经之地，冷暖气团既可以长时间停留而形成阴雨天气，导致水灾的发生；也会因冷暖气团的一方势力强大，独占徽州地区，从而引发旱灾。所以，徽州地区在太阳活动强烈时期水旱灾害较为严重。此外，徽州地区的水旱灾害表现为以旱灾为主向以水灾为主过渡的趋势，而非一直处于旱灾或是水灾状态，这是因为太阳黑子持续时间、强度及周期不同，导致水旱灾害的时间分布存在差异。水旱灾害的发生受多种因素影响，需要结合不同的地理环境进行讨论。太阳活动与蝗灾也存在相关性，如宋元时期山东的蝗灾与太阳活动基本上都呈现出 11 年的周期性变化，且太阳活动极大年之后一年蝗灾发生的概率较大（任振球，1990），而明清时期徽州地区的蝗灾发生频次不多，所以规律性不明显。除了太阳活动，火山活动也会对自然灾害产生影响。火山喷发在小冰期阶段相对频繁（如 1800～1850 A.D.的五十年间大规模火山喷发达 15 次之多，而 1000～1300 A.D.的三百年间同等规模火山喷发总次数仅有 37 次），加之当时温室气体含量较低，共同导致北半球处于低温状态，寒冷的气候造成徽州此时冷灾发生较多。太阳活动和火山活动的共同作用对自然灾害的影响更是毋庸置疑的，其具体的过程可能是：太阳活动和火山活动使地球内外部的能量发生变化，进而影响温度的升降，通过热力学、动力学过程，使气候系统发生改变，气候各子系统的相互作用，最终对地球上的自然灾害产生影响（王涛，2015）。

自然灾害的发生与气候变化有着密切的关联。例如，葛全胜等（2011）对中国历朝的资料进行整理发现，清代洪涝灾害是干旱灾害的 2 倍左右，这与清代整体气候偏湿有关，此外，中国冷冻灾害和风暴潮灾等也多由气候引发。一般认为，暖期水灾发生频次高，而冷期旱灾发生频次高（仇立慧，2014；贾铁飞等，2012）。明清小冰期是我国气候历史上一个较为漫长的寒冷时期，该时期徽州的旱灾本该远高于水灾，然而，旱灾的发生频次虽然较高，但仍不及水灾。出现这种现象可能与徽州的历史资料记载缺失有关，但更多地还是受气候因素的影响。徽州地属亚热带温湿性季风区，气候整体偏于湿润，降水较多，导致旱灾发生频次偏少，徽州“偏涝”和“偏旱”的发生频次高于“涝”和“旱”佐证了这一点。但是，这并不能证明小冰期的气候变化对徽州地区毫无影响。由前述章节讨论可知，本书结合不同载体的环境演变序列记录，重建了徽州地区自然灾害的变化过程，具体表现为：14～15 世纪，气候开始出现温度降低、降水减少的趋势，但是由于变化幅度不大，整体上仍然较为温暖湿润；15 世纪开始，气候逐渐变冷、变干，直到 17 世纪中叶，气候变得极为寒冷干燥；而后降水开始逐步增加，小冰期逐渐进入极盛期，气候表现为寒冷湿润，直到 19 世纪末 20 世纪初，小冰期结束，温度开始升高，降水仍然保持较高水平，气候开始进入当前的全球变暖阶段。其中，16 世纪末 17 世纪初、18 世纪前中期、19 世纪末 20 世纪初是徽州气候由暖湿向冷干、冷湿、暖湿变化的关键时期。研究表明，气候的转型、突变及异常波动时期水灾的发生概率较大（殷淑燕等，2012）。以 20 年为统计单位，徽州水灾发生频次较高的时期为 1571～1590 A.D.、1591～1610 A.D.、1731～1750 A.D.、1891～1911 A.D.等，徽州水灾的发生与气候转变的时期很好地对应，说明小冰期对徽州地区自然灾害的影响很大。更为重要的是，气候变化主要受轨道参数变化的影响（Cheng et al.，2016；Thirumalai et al.，

2020）。周秀骥（2011）指出，地球大气与海洋、陆面、冰雪和生态有着密切的非线性相互作用，共同组成了复杂的非线性气候系统。在不断变化着的太阳和天体运动作用的驱动下，地球气候系统从形成到现在非各态历经不断变化，是一个复杂的非平稳过程。亚洲季风是全球气候系统的重要组成部分，对亚洲季风气候变迁和驱动机制的研究已经成为全球的热点问题之一。亚洲季风系统（包括东亚和印度洋两大季风体系）的变化是由海-陆间的热力差异引起的，那么它必然与太平洋和印度洋的环流变化存在着联系。由前文对比的古气候代用指标可知，已经基本可以确定，外部强迫驱动是徽州气候变化的主要原因，在地球气候系统的基本边界条件（如全球冰量、地球轨道参数等）没有发生显著变化的条件下，火山活动和太阳活动是最主要的自然驱动因子，而在现代全球变暖过程中人类活动产生的温室气体效应也有着重要作用（Crowley，2000；Wanner et al.，2008）。根据重建的夏季亚洲-太平洋涛动（Asian-Pacific oscillation，APO）31 年滑动平均序列，结合 FGOALS_gl 模式模拟进行验证，发现在 1450～1570 A.D.期间的东亚夏季风是过去 1000 年里最弱的，对应于偏弱的东亚夏季风环流，而后东亚夏季风强度基本上维持在 0 值以上（周秀骥等，2011），与之对应，徽州地区在 1471～1570 A.D.阶段以旱灾为主，水灾发生较少，水灾所占比重逐渐增加。徽州自然灾害与东亚夏季风强度不完全一致，可能是徽州复杂的地形条件及人类活动等原因所致。但是，中国东部季风雨带总体上呈现位置偏南，伴随着华北降水偏少、长江降水偏多（即“南涝/北旱”型）异常分布特征（周秀骥等，2011），这与徽州地区在小冰期后期水灾数量逐渐超过旱灾，成为徽州地区主要灾害类型的情况一致，这表明东亚夏季风与徽州自然灾害存在密切关联。此外，小冰期发展到清代时影响达到最大，清代各种气象灾害的发生频次高于明代（何妍和杨柳青青，2017）。受明清小冰期的影响，徽州地区的冷灾主要集中在明末清初，并且冷灾在清代的发生频次总体上高于明代。将清代徽州的冷灾与华南区冷暖情况和南方地区的极端冷冬进行对比（表 5-1 和表 5-2）发现，徽州地区的冷灾和华南地区及整个南方地区的低温天气有很大的关联性，尤其是徽州冷灾发生时南方地区出现大范围持续性严重或者非常严重的雨雪冰冻和亚热带及热带果蔬植物冻害情况。我国冬季的寒冷气流主要来自西伯利亚或蒙古高压，寒潮南下时通常会影响我国的大部分地区，其南端可到达华南及东南沿海地区，因此，当南方出现冷冬时，我国其他地区也会出现酷寒，从而引发冷灾（葛全胜等，2011）。其中，顺治十一年（1654 A.D.）冬季的寒冷气候较为严重，南方各地不仅出现了与 1653 A.D. 冬季类似的“雨雪连月”天气，而且降雪范围更广，岭南的福建、广东、广西等地区甚至出现了极为少见的持续性严重雨雪冰冻灾害。顺治《萧县志》载，该年“冬寒异甚，黄河之腹坚，往来通车马；吴、越、淮、扬河冻几数千里，舟不能行者月余”，整个长江以南的柑橘、橙、柚几乎全部被冻死；顺治（江苏）《海州志》载：“十二月初二日，东海冰，东西舟不通，六日乃解”；康熙（浙江）《海盐县志》载：“十二月大雪，海冻不波，官河水断”；乾隆（江苏）《吴江县志》和光绪（浙江）《乌程县志》亦载，当年“太湖冰厚二尺，二旬始解”；光绪《青浦县志》、民国《上海县志》和叶梦珠的《阅世编》载，该年上海黄浦江曾结冰，西部的澳淀封冻，人可在冰上行走。此外，广东的《东莞县志》（民国版）、《龙门县志》（康熙六年版）、《高州府志》（康熙版）、《开建县志》（康熙三十一年版）及广西的《南宁府全志》（康熙版）、《新宁州志》（光绪版）等方志均

表 5-1　1650～1911 A.D.中国南方地区极端冷冬年与徽州冷灾情况统计（据葛全胜等，2011 改）

年份/A.D.	徽州冷灾情况*	大范围持续性严重雨雪冰冻情况	亚热带及热带果蔬植物冻害***
1653～1654		非常严重	严重
1654～1655	婺源（1654）	非常严重	非常严重
1655～1656		严重	非常严重
1660～1661		非常严重	非常严重
1665～1666		非常严重	非常严重
1670～1671	休宁（1670）	非常严重	非常严重
1676～1677		非常严重	非常严重
1683～1684		非常严重	非常严重
1689～1690		非常严重	非常严重
1690～1691	婺源（1690）	非常严重	非常严重
1694～1695		非常严重	非常严重
1700～1701		非常严重	非常严重
1714～1715		非常严重	非常严重
1720～1721		非常严重	非常严重
1732～1737	婺源（1732）	**	**
1737～1740	绩溪（1737）	**	**
1740～1741		严重	严重
1742～1743		严重	严重
1761～1762	婺源（1761）	非常严重	严重
1790～1794	绩溪（1790）	**	**
1794～1795		严重	严重
1795～1796		非常严重	严重
1796～1797	祁门（1796）	非常严重	非常严重
1799～1800	歙县（1800） 绩溪（1800）	非常严重	非常严重
1809～1810	婺源（1809）	非常严重	严重
1830～1831		非常严重	非常严重

续表

年份/A.D.	徽州冷灾情况*	大范围持续性严重雨雪冰冻情况	亚热带及热带果蔬植物冻害***
1831～1832		非常严重	非常严重
1833～1834		非常严重	严重
1835～1836		严重	严重
1838～1839		严重	严重
1840～1841	歙县（1840） 歙县（1841）	非常严重	非常严重
1841～1842	祁门（1841） 黟县（1842）	非常严重	非常严重
1845～1846		非常严重	非常严重
1852～1855	祁门（1852） 黟县（1852）	**	**
1855～1856		严重	严重
1861～1862	歙县（1861） 祁门（1861） 婺源（1861）	非常严重	非常严重
1864～1865		非常严重	严重
1871～1872		非常严重	严重
1873～1874		严重	严重
1877～1878		非常严重	非常严重
1880～1881		严重	非常严重
1886～1887		非常严重	严重
1887～1888		非常严重	非常严重
1892～1893		非常严重	非常严重
1899～1900		非常严重	严重
1904～1905		严重	严重

注：*该项目下的数字表示冷灾发生的年份（A.D.）；**表示没有数据；***中国南方是否发生冷冻灾害，除实测温度外，还可通过热带或亚热带蔬菜、果树等遭受冻害等现象做出直观判断。

表 5-2　1451～1900 A.D.华南区冬半年冷暖变化与徽州冷灾情况统计（据文焕然，2019 改）

年份/A.D.	华南区冷暖情况/次					徽州冷灾情况*
	极大寒	特大寒	大寒	较大寒	合计	
1451～1460		1		1	2	
1461～1470						
1471～1480						
1481～1490			1		1	
1491～1500						
1501～1510	1		1	3	5	
1511～1520		1		1	2	
1521～1530		1	1	2	4	
1531～1540		1	2	1	4	
1541～1550			3	2	5	
1551～1560				2	2	
1561～1570			1	1	2	
1571～1580			1		1	绩溪（1576） 绩溪（1579）
1581～1590			3	2	5	
1591～1600						婺源（1593） 休宁（1595）
1601～1610			1		1	婺源（1607）
1611～1620			3	1	4	
1621～1630				1	1	
1631～1640		1	1	3	5	
1641～1650				1	1	歙县、绩溪、休宁（1641）
1651～1660	1	1	1	2	5	婺源（1654）
1661～1670		1	2	3	6	休宁（1670）
1671～1680				1	1	
1681～1690		4	1		5	婺源（1690）
1691～1700			1	1	2	

续表

年份/A.D.	华南区冷暖情况/次					徽州冷灾情况*
	极大寒	特大寒	大寒	较大寒	合计	
1701～1710			3	3	6	
1711～1720			5		5	
1721～1730			5	5	10	
1731～1740		1	1	2	4	婺源（1732） 绩溪（1737）
1741～1750				2	2	
1751～1760			2	3	5	
1761～1770		3	1	2	6	婺源（1761）
1771～1780			1		1	
1781～1790			2	3	5	绩溪（1790）
1791～1800				2	2	祁门（1796） 歙县（1800） 绩溪（1800）
1801～1810			2	2	4	婺源（1809）
1811～1820		1	1	2	4	
1821～1830				3	3	
1831～1840			6	2	8	歙县（1840）
1841～1850			1		1	歙县（1841） 祁门（1841） 黟县（1842）
1851～1860			4		4	祁门（1852） 黟县（1852）
1861～1870			6		6	歙县（1861） 祁门（1861） 婺源（1861）
1871～1880			5	1	6	
1881～1890			2	2	4	
1891～1900	1		4	1	6	

注：*该项目下的数字表示冷灾发生的年份（A.D.）。

记载了此次较为罕见的冷灾天气（葛全胜等，2011）。徽州同样也发生了冷灾，《婺源县志》载："顺治十一年（1654 A.D.），冬，奇寒，大木皆槁，河冰合，月余不解"（俞云耕和潘继善，1975）。从冷灾的年内分布来看，气温是冷灾发生的主导因素。冬季和春季气温低，是冷灾的高发期，虽然夏季也有发生（2 次），但是集中在夏初的五月，此时温度仍然不高，且存在急剧降温的可能，同时作物生长正处于旺盛期，剧烈的降温对作物的影响也更为明显（何妍和杨柳青青，2017）。此外，蝗灾的发生与气候也有着很大的关联，温暖的气候有利于蝗虫的滋生，而寒冷的气候则会对蝗灾起到抑制作用，即夏季和秋季比冬季更有利于蝗灾的发生（张学珍等，2007）。徽州地区的蝗灾主要发生在夏秋季节，而冬季没有蝗灾的记录，与这一规律相符合。

从地形的角度来看，徽州地区的地形以中低山地和丘陵为主，包括黄山、白际山、五龙山、天目山及众多丘陵。新安江流域的四周为高山所环绕，而其中心的河谷平原或盆地面积狭小、地势低平，如果遭遇强降水导致上游来水过多，山洪顺流而下，河水来不及排出，容易引发水灾。婺源背靠五龙山，面向鄱阳湖平原，夏季的东南季风受地形阻挡，在迎风坡产生降水，加之地势低平，泄洪能力弱，导致婺源境内的水灾发生频次高。旱灾主要发生在黄山西部、黄山东北部及天目山西北部的广大山地。多山地带的耕地为坡耕旱地，土层浅薄，结构不良，尤其是受过侵蚀的土壤有机质含量少，土质沙化，土壤保水保肥能力差，易发生旱灾（吴媛媛，2014）。由于地势陡峭，利用河水灌溉的难度大，加剧了旱情。冰雹的形成不仅需要具备降水条件，即充足的水汽、抬升力和不稳定的层结，还需要具备冰雹形成的特殊条件。徽州地区处于中纬度的群山之中，地势的起伏使地面受热不均，形成局地热力环流，在这种立体的复杂气候系统条件下易于形成雹灾（瞿颖等，2015）。其中，雹灾在婺源地区发生频次最高，五龙山以南的婺源地区处于东南气流的迎风坡，高大的山脉地形对气流具有制约、抬升、热力及背风坡的作用，有利于雹云的形成，从而发生雹灾（温克刚，2008）。除了雹灾，徽州的特殊地形对冷灾也产生了重要的影响。绩溪的东部与西部分别为天目山和黄山，高大的山脉对北方的寒冷气流具有阻挡作用，冷气流遇到高大的山脉往往会从地势较低处绕行，黄山与天目山之间有一个与北部平原相连的开口，来自北方的冷空气一部分由此处进入绩溪，导致绩溪冷灾的发生频次较高；还有一部分冷空气从黄山西部绕行，对祁门和婺源造成影响，如康熙二十九年（1690 A.D.）“婺源、祁门奇寒，大木尽槁”，可见祁门与婺源的这次冷灾来自同一源头，即从黄山西部绕行的冷空气，而冷气流到达白际山时受地形阻挡而堆积，导致婺源的冷灾更为严重。在蝗灾方面，研究表明，蝗虫适宜生活在 200 m 以下平原地区的低洼地带，个别散居型飞蝗也会迁飞到 100 m 左右的山区（陈永林，2007）。很多研究结果都支持了这一观点，如闵宗殿（2004）根据苏浙皖三省方志资料，研究了该区清代蝗灾的状况，并纠正了《清史稿》和《清实录》中蝗灾记载的不足，指出清代皖北、苏北及长江以北等地势较低的平原地带蝗灾较为严重；随后，张崇旺（2007）通过搜集明清时期地方志资料，利用灾害学和历史学的方法，探讨了江淮地区蝗灾的时空分布情况，发现江淮东部的平原、滩地和丘陵蝗灾相对较重，而江淮东部的山地和大别山区相对较轻；刘倩等（2018）基于史料文献收集了明清时期安徽历史蝗灾的记录，探讨了蝗灾演化的时空动态过程，发现安徽长江以北地区的蝗灾高于南部山区；萧凌波（2018）

利用《清史·灾赈志》中的历史灾害信息对华北蝗灾的分布情况进行了探讨，发现受地形与海拔限制，清代华北地区的蝗灾主要分布于冀鲁豫三省的平原地区及山西的汾河谷地。以上研究结果表明，海拔较高的地区蝗灾较少，而海拔较低的平原地区蝗灾较多。在徽州地区，休宁和祁门地势相对较为低平，蝗灾较多，而黟县境内以山地为主，蝗灾较少。婺源县虽然北部有高大的五龙山山脉，但是南部地区地势低平，虫灾易于发生，如康熙二十二年（1683 A.D.），“（婺源）夏西南二乡家廪自生小黑虫，啮稻实一空，民乏食”（蒋灿，1975）。一般来说，海拔低的地方比海拔高的地方更适合聚落发展。例如，Wu 等（2010）通过对 6000～2000 a B.P.巢湖流域古聚落的演变研究，发现该时期巢湖流域的聚落主要分布在 10～20 m 和 20～50 m 的地带，海拔高于 100 m 的地带人口分布最少。地形地貌是对地球表面高低起伏状况及其特征的描述，是构成自然环境的基础，决定了气候、地质、水文、资源等环境因素的差异，同时也是影响人类活动的重要因素。地势较低的河谷平原地带为农业生产带来了丰富的水源和肥沃的土壤，人口较多。然而，随着人口增加、农业发展，人地矛盾突出，导致生态环境脆弱、水土流失加剧，这为飞蝗的生存和繁殖提供了天然的场所，造成蝗灾加剧。例如，唐宋以来长江下游地区人口增加，农业发展，特别是清代中叶以后，人地矛盾突出，土地过度开垦，导致生态环境脆弱，水土流失严重，水旱频发（张崇旺，2004），流域内森林的减少和小气候的变化使飞蝗有适宜的栖息繁殖空间，同时也减少了鸟类等蝗虫天敌的活动空间（李钢等，2015）。与之相反，海拔较高的山地由于土地难以利用，耕地面积少，以林地为主，自然植被覆盖率高，加之人口较少，人地矛盾不突出，所以山区面积较大的黟县相对新安江流域蝗灾较少。

从水文方面看，河流汇集区的水灾多于单一河流通过的区域。徽州地跨新安江与长江两大水系。新安江流域的范围包括黄山以南，天目山以西，五龙山以北，黟县与祁门县界以东的广大地区。处于群山之中的新安江流域支流众多，共有 30 余条，总长约 944 km，流域面积约为 6751 km^2（徽州地区交通志编纂委员会，1996），其中最主要的支流有两个，即南支率水和北支横江，这两支河流的大部分河段流经休宁和歙县，加上众多支流都汇聚于这两个县，所以休宁和歙县境内的水系十分发达。流经祁门的阊江水系和流经婺源的婺水水系都属于长江水系（黄成林，2018）。其中，婺水水系主要是婺源境内水系，包括清华河、段莘水、高砂水及饶河主要支流之一的乐安河，阊江水系呈现树枝状水系，河网密布。当雨季来临时，各条河流同时进入汛期，短时间内汇入干流易引发水灾，所以婺源、休宁、歙县和祁门的水灾发生频次较高。由于新安江水系的水流最终经街口注入千岛湖，降低了流域内的排水压力，因此新安江流域内的水灾以“偏涝”为主。而单一河流通过地区的水灾发生频次较少，如绩溪和黟县发生的“涝”级水灾在 544 年间分别仅有 9 次和 4 次。此外，蝗灾的空间分布与徽州的水系分布有着密切关系。研究表明，飞蝗具有“亲水性”和蝗区具有“水缘性”的特征（李钢等，2017），在沿河、洼地、滨湖和滞水地区往往成为蝗虫繁殖的栖息地，尤其是蝗虫大发时由此向外围地区迁移扩散成虫源地（闵宗殿，2004）。例如，马世骏（1956）依据形态结构及形成原因对东亚飞蝗核心区域蝗区类型的划分（四个蝗区类型：滨湖、沿海、河泛、内涝），江苏境内蝗区类型主要为滨湖蝗区、内涝蝗区、沿海蝗区；江苏江北蝗区临近我国历史蝗灾发生的最大基地——黄淮海平原，具有蝗虫滋生繁殖的环境条件，保留着较高的种群密度，蝗虫暴发时由此向周围扩散迁移（陈永林，2007）；明清时期安徽境内长江以北地区州县蝗灾频发，危害更为严重，也说明了水文条件与蝗灾之间的密切关系。水域环境的变迁对蝗区空间分布产生显著影响，尤其是干旱发生时在湖泊周边、河流沿岸出现大面积的浅滩、淤浅河道和抛荒地，极有利于散居型飞蝗繁殖，沿退水地带集中产卵，种群密度迅速增加，从而出现蝗虫猖獗的趋向（李钢等，2015）。徽州地区蝗灾最为严重的地区是新安江流域，该地区内水系发达，众多河流的反复泛滥与长期积涝造就大面积近水荒滩，提供了蝗虫滋生的温床，加之旱涝交替的气候背景，又促进了蝗虫迁飞，所以这里是徽州蝗灾最为严重的地区。

除了以上因素外，自然灾害之间也会相互影响，即一种自然灾害是另一种自然灾害产生的原因。历史时期的蝗灾与水旱灾害之间的关系受到了研究者的广泛关注。张文华（2008）整理了汉唐时期淮河流域蝗灾史料，指出蝗灾的发生具有很强的阶段性和集中性，并与旱灾高度相关；张可辉（2010）根据文献记载统计了两宋时期南京地区的各种自然灾害，指出旱灾与蝗灾具有明显的伴生现象，北宋中期旱灾和蝗灾较为突出；张学珍等（2007）基于重建的山东省蝗灾县数序列，认为山东蝗灾规模没有显著的增减趋势，而是呈准周期性变化，并指出了其中的主要周期，认为虽然温度变化与蝗灾规模在年代际尺度上相关性不显著，但温暖气候却是蝗灾大暴发的必要条件，而寒冷气候则会限制蝗灾规模。夏季降水的年际变化与蝗灾县数呈显著负相关关系，即夏季干旱有利于蝗灾的大规模发生。旱灾的发生往往会引发多种病虫害而威胁农业生产，其中以蝗灾的发生最为频繁，所以蝗灾又称旱蝗。干旱发生时，河水减退，河滩、湖滩等沼泽地增大，为蝗虫的繁殖提供了天然居所，大量蝗虫飞向农田啃食庄稼，引发蝗灾。徽州的很多蝗灾都与旱灾有关，例如，嘉庆五年（1800 A.D.），歙县、祁门发生旱灾，同年，“（祁门）九月蝗至邑西若坑十八都、十九都、二十都皆有之”（周溶和汪韵珊，1998）；道光十五年（1835 A.D.），“（祁门）大旱，自夏至秋不雨，蝗入十九都、二十二都，岁饥”（周溶和汪韵珊，1998）。这些记载均证明了旱灾对蝗灾的发生有着重要影响。此外，地震与旱灾也有着很大的相关性。宋正海等（2002a）对 1668 A.D.郯城大地震进行研究发现，旱灾与该次大地震的发生有密切关联，1663 A.D.的前十年旱涝分布与震中关系不大，但是 1663 A.D.之后旱灾愈加强烈，其中 1665 A.D.的干旱程度达到最大，山东、河南、河北、江苏等地均发生了旱灾，直到 1668 A.D.发生了郯城大地震。徽州地区 1650 A.D.的地震与之类似，地震发生之前的嘉靖二十三年（1544 A.D.）到嘉靖三十九年（1560 A.D.）的这段时间里，徽州地区的水旱灾害类型均为旱灾，没有水灾记录，直到 1650 A.D.徽州发生了波及范围较广的地震灾害。与郯城地震前的连年大旱灾不同，徽州发生的旱灾年份不连续，地震的级别也不高，无法与 1668 A.D.的郯城大地震相比。但是，徽州地区的此次地震波及范围较广，绩溪、休宁、歙县均有地震的记录，与级别低、影响范围小的其他时期的地震灾害相比，此次地震较为严重，加之地震发生之前，徽州各县的旱灾频次中以绩溪、休宁和歙县为最高，说明地震与旱灾之间存在着很大的关联性。

5.2　社会经济因素

在土地利用方面，徽州以林地为主，粮食种植面积少。徽州素有“七分山水一分田，一分道路和庄园”的俗语，该区的地貌类型大多是低山丘陵，适宜林木的生长，而耕地面积的分布相对较小，所以当地以山林经济为主，粮食作物相对较少且产量不高（康健，2013），如歙县“产米常供不给求”（刘汝骥，1997）；祁门“岁祲，粉蕨葛佐食，即丰年不能三之一”（王让和桂超万，1975；周溶和汪韵珊，1998；祁门县地方志编纂委员会，1990）；黟县“虽遇丰年，犹虞歉收”（胡存庆，1925）；婺源“计一岁所入仅供四月之粮”（刘汝骥，1997）；绩溪“产米合小麦，仅敷民食十分之六，杂粮俱作正餐”（胡存庆，1925）。徽州地区粮食种植面积有限，蝗虫喜爱的禾本科植物不多，导致蝗虫的食物来源不足，影响蝗虫的繁衍（吴媛媛，2014）。此外，森林是鸟类的天堂，徽州地区林地分布广泛，病虫害的天敌也较多，抑制了虫灾的发展，所以徽州虫灾的记载不多。利用害虫的天敌来治理虫灾的方法早在唐朝时期就已经出现，如《旧唐书·五行志》中记载：“（开元）二十五年，贝州蝗食苗，有白鸟数万，群飞食蝗，一夕而尽”（施和金，2002）。然而，树木作为受灾体，在大风与低温面前具有脆弱性，易导致冷灾与风灾的发生。如道光二十一年（1841 A.D.）“（祁门）冬大雪，月余不止，竹木多冻死”（周溶和汪韵珊，1998）；万历二年（1574 A.D.）“（休宁）东南乡大风拔木”（廖腾煃和汪晋征，1970）；康熙十一年（1672 A.D.）“（休宁）六月东南乡大风拔木，坏庐舍”（廖腾煃和汪晋征，1970）；乾隆二十八年（1763 A.D.）“（歙县）三月二十二日，大风拔木偃屋压死人畜无数”（石国柱等，1998）；咸丰六年（1856 A.D.）“（婺源）六月，大风雷雨，婺南高安等处大木尽拔，太子桥有牧童被风吹入云中”（葛韵芬和汪峰青，1998）；同治十年（1871 A.D.）“（祁门）三月二十二日午后，风雨雷电交作，有龙自西北角过县东南乡，所过处，拔木坏屋，居民多有伤者”（周溶和汪韵珊，1998）。同样作为受灾体，不同的粮食作物抗灾能力不同，灾害的发生程度也不同。一般而言，高秆作物比低秆作物更易受雹灾的影响。婺源“城中皆米食，不喜杂粮。乡间，东北多山，贫民种玉蜀黍作饼食，西南高田种粟麦以充饔飧”（刘汝骥，1997），婺源处于东南季风的迎风坡，水汽受地形的抬升作用而爬升，易于在山前产生雹灾，所以相比较平原地带和西南地区，婺源东北部的玉蜀黍更易受雹灾的影响，加之为高秆作物，所以婺源的雹灾较为严重。而黟县“高地种菽麦，低地种糠稻、芝麻、芦穄，各适土宜”（胡存庆，1925），多为低秆作物，故而鲜有雹灾记载。

民间宗教信仰的影响也是导致灾害加剧的重要原因之一。由于古代技术手段落后，对于灾害的防治工作缺乏成效，尤其是蝗灾让人们束手无策，人们对其产生畏惧，认为这是上天的惩罚，于是求助神灵，如徽州当地修建了刘猛庙以期驱除蝗灾。宗教信仰在一定程度上满足了人们的心理需求，达到稳定社会秩序的作用。如海州知府李永书在《重修蜡庙记》中写道：“州故有庙在朐山之麓，乾隆十六年，州牧方公建。己卯仲夏，余自京师归，道见禾黍方泽膏雨，芃芃穟穟，私喜为积年所未有。受任日，忽有蝗群飞自东南来，甚患之，亟走祷于庙，不旬日，扑灭殆尽，不为害，神信有功于民哉”（焦忠祖和庞友兰，2008）。此外，出于对自然与神灵的畏惧，徽州当地民众常常酬谢神灵（即罚戏）。罚戏是一种公众性的活动，违反规则的人出钱演戏给全村人看，且还要在戏台前罚跪示众，通过罚戏来约束人们毁坏山林的行为，从而起到保护当地生态环境，增强人们的环境保护意识，减少灾害发生的积极作用（李慧芳和谈家胜，2018）。但是，由于一些人把主要精力放在了这种非科学的手段上面，缺乏对治理方法的深入探索，不仅使虫灾治理的科学手段发展受到抑制，而且错过了灾害治理的最佳时期，容易导致灾害进一步蔓延。时至今日，蝗灾仍然时有发生。因此，我们不应该把希望寄托于迷信思想，而应该在科学思想的指导下，认真做好蝗灾的防治工作。一旦发生蝗灾，要尽可能地将其造成的损失减少到最低程度。

灾害的发生与社会经济的发展程度有着莫大的关联。自然灾害损失及其影响是由自然灾害事件和受灾体的易损性共同决定的，同样的灾害事件发生在不同的经济与社会环境条件下，其影响显然不会相同。自然灾害几乎无时无刻不在地球上的各个角落肆虐横行着，整个人类的文明史同时也是一部人类与自然灾害抗争的历史。根据联合国国际减灾战略（UNISDR）与灾害传染病学研究中心（CRED）2010 年 1 月 28 日在日内瓦联合发布的自然灾害最新统计数据，全世界在 2000～2009 年所发生的 3852 起灾害事件，共造成超过 78 万人丧生，各类物质损失高达 9600 亿美元。根据慕尼黑再保险公司的数据库统计，全世界在 1950～1959 年共发生了 20 次“重大自然灾害”，总共造成了数额高达 380 亿美元的经济损失；而在 1990～1999 年，全世界范围内共发生了 82 次“重大自然灾害”，经济损失则高达 5350 亿美元。另据 Munich-Re 数据库的统计（表 5-3），在 1980～2008 年，全球十大成本最为高昂的自然灾害中，中国占了 3 席，分别是 2008 年的“汶川地震”、1998 年的洪水和 1996 年的洪水（李宏，2010）。从表5-3中可以看出，全球自然灾害损失最严重的地区是美国、中国和日本，而这三个国家的GDP处于当时世界的前三位，美国的经济发展水平最高，在统计的10次灾害中占了5次，而中国和日本相差不大，这在一定程度上说明经济发展水平与自然灾害的损失程度成正相关，即自然灾害对人类社会造成的损失很大程度上取决于受灾体的脆弱性。以我国沿海地区为例，我国海岸带区域人口密集、经济发达，占陆域面积13%的沿海经济带承载着我国42%的人口，创造了全国60%以上的国内生产总值，海岸带在我国经济战略布局中占有极为重要的地位，其中，上海市是我国经济最发达的地区和最大的经济中心城市，同时也是人地关系最为复杂、生态系统最为脆弱、对全球气候变化的影响最为敏感和社

表5-3　1980～2008年全球代价最高昂的十大自然灾害（以总损失排名）（李宏，2010）

序号	时间	灾害	区域	总损失/百万美元	保险损失/百万美元	死亡人数/人
1	2005年8月25日	飓风	美国	125000	61600	1322
2	1995年1月17日	地震	日本	100000	3000	6430
3	2008年5月12日	地震	中国	85000	300	70000
4	1994年1月17日	地震	美国	44000	15300	61
5	2008年9月6日	飓风	美国	38000	15000	168
6	1998年5～9月	洪水	中国	30700	1000	4159
7	2004年10月23日	地震	日本	28000	760	46
8	1992年8月23日	飓风	美国	26500	17000	62
9	1996年6～8月	洪水	中国	24000	450	3048
10	2004年9月7日	飓风	美国	23000	13800	125

资料来源：2009 Münchener Rückversicherungs-Gesellschaft, Geo Risks Research, NatCat SERVICE。

会经济的波及效应、放大效应最为突出的城市化地区，在海平面升高的背景下，风暴潮造成的洪涝灾害更为严重，将严重威胁上海等沿海地区的社会经济发展（闫白洋，2016）。这表明社会经济发展程度较高的地区一旦发生自然灾害，将比经济欠发达地区遭受更为严重的破坏和损失。在徽州地区，自然灾害的发生与社会经济发展水平也密切相关。例如，咸丰元年（1851 A.D.）“（婺源）三月，天雨雹，大如鸡卵，婺北、龙腾等处多被灾”（葛韵芬和汪峰青，1998）；光绪五年（1879 A.D.）“太子桥等处雨雹损禾稼”（葛韵芬和汪峰青，1998）。龙腾村和太子桥都在山区，同时也是产粮区和人口密集区，社会经济较为发达，受灾体较脆弱。徽州地区特殊的自然地理环境使婺源地区雹灾频发，而受灾体的脆弱性使雹灾的破坏更为严重，加剧了雹灾对当地的影响，反映了雹灾与当地的社会经济状况有着很大关系。

在政府政策对灾害的影响方面，徽州当地的水利设施形式多样，但从整体来看，规模不大，而且兴废无常。徽州地区的水利工程多由各大宗族把控，由于利益冲突，管理混乱，这种情况有赖于强有力的官方权威调控。乾隆、嘉庆和咸丰时期对水利工程进行建设，使得水利工程产生了较大的效益。乾隆时期以前，由于水利管理由各大宗族所把控，分水不当现象严重，水利工程管理混乱，水旱灾害较为频繁。乾隆年间，当地政府积极协调上下游水利系统的关系，使水利工程得以充分合理的利用，到咸丰年间，水利工程的管理工作日趋规范，减少了很多水旱灾害的发生（吴媛媛，2014）。此外，乾隆时期为解决人口激增带来的人地矛盾，政府开放了对徽州一些地方森林地区的禁令，并且对某些生态脆弱地区的土地种植给予政策优惠，过度的开发使得徽州地区的生态遭到严重破坏，从而导致自然灾害，这也是清代徽州的自然灾害整体高于明代的重要原因之一。

在人口方面，洪武二十四年（1391 A.D.），全国约有 7100 万人，至明末崇祯年间（17 世纪 30 年代），全国人口接近 2 亿。明末清初人口大幅减少，17 世纪中期，人口下降到这一时期的谷底，为 1.6 亿左右，较 17 世纪上半叶减少了大约 4000 万。随后人口增长速度加快，至道光三十年（1850 A.D.），全国人口达到 4.3 亿（葛剑雄等，2002）。清代人口统计范围也超过了以往历代，人口数量达到了中国封建社会人口的峰值（王倩，2010）。具体到徽州地区，徽州人口在明代不断增加，与全国和后来隶属安徽的其他府州相比，明中后期人口压力已相当大。清前中期，徽州人口压力持续加大，人口总量、人口增长率和人口密度急剧增加，到太平天国运动后这种状况才得以改变（徐国利，2020）。虽然徽州地区的人口增长较快，但是在小农经济的古代中国，人口规模受自然环境的限制，自然增加的人口数量一般不会超过其人口承载力。所以，即便人口增加给环境带来了一定的压力，也不会超过其环境承载力。然而，自明中叶至晚清，在中国南方山区，有大批异地民众涌入，这类民众被称为“棚民”。棚民常年身处深山老林之中，这些地区多位于邻省交界之处，往往为王朝统治较为薄弱的地区（刘伟和康健，2018）。徽州在这时开始成为棚民的重要聚居地之一，外来人口的大量增加超出了徽州地区人口承载能力的上限，对当地环境产生了巨大破坏。明清时期我国出现了资本主义萌芽，徽州人有着浓厚的经商思想。徽州人把山上的部分土地租赁给携资前来的棚民，棚民获得土地的使用权。出于商业利益考量，棚民必须在约定的使用时间内达到利益最大化，所以他们并不关注生态环境的保护，往往采取简单粗暴的开发方式，以尽快获得利益。破坏也是生态致灾的主要原因之一。由于徽州地区土壤贫瘠，宜发展茶叶、树木、竹子等山林经济，不宜种植粮食作物，所以徽州地区的粮食供应主要依靠临近的浙江和江西等地（吴媛媛，2009）。早期的棚民沿袭了这一生产种植方式，以种蓝靛染料作物为主，很少种植粮食作物，对环境影响较小，但是到清代以后，为了攫取更多的利益，进入徽州地区的棚民开始砍伐树木、开山挖煤、种植玉米等粮食作物。森林植被起着涵养水分、净化空气、防风固沙和保持水土的作用，徽州的森林植被资源遭到破坏，导致水土流失加剧，自然灾害的发生也更加频繁。后来，在当地政府和乡绅的共同努力下驱除了棚民，并进行植树造林，山区生态环境有所改善，自然灾害的发生频率也随之减少。毁林开荒、植被破坏也是近年来黑龙江地区自然灾害发生的主要原因之一，到目前为止，黑龙江省森林的功能已丧失 60%～70%，全省森林覆盖率已由 20 世纪初的 70% 下降到 40% 左右，而当前作为天然屏障的大小兴安岭森林覆盖率也只有 60%左右（李文亮等，2009）。大面积的湿地开垦和草原退化，不仅造成了黑龙江湿地和草原面积的骤减，更加严重的是造成土地沙漠化、盐渍化和功能退化（张平，2011）。

虽然徽州人口总量在太平天国运动结束后得以减少，但是自然环境所面临的压力却没有因此而减轻，这是因为人口减少并非自然因素，而是战争所致。《安徽通志稿·食货考》载："安徽以长江中游屏蔽太平天国首都，受兵之祸尤烈。曾国藩驻在皖南徽州数年，万山之中，村落为墟。皖北则益以苗捻之役，又大兵后累有凶年，人民死伤无数。"长达十余年的战火给徽州乃至整个安徽造成的劫难，首当其冲的就是人员重大伤亡，致使人口骤降。后人统计，咸丰元年（1851 A.D.）安徽人口数为 3763 万，到了同治十二年（1873

A.D.）人口数骤降至 1450 万，人口损失超过 2000 万。其中，皖南人口锐减最为严重，曹树基（2001）研究表明，战争期间皖南人口损失达 900 万，约占皖南战前人口数的 81%。清自顺治至道光，先后六朝两百多年，徽州地区不见兵革，乡民安居乐业，人口滋生自繁，社会呈现一片繁盛景象。但是，咸丰三年（1853 A.D.）二月太平军首次进入安徽，从此以后，直至同治三年（1864 A.D.）太平天国运动失败，安徽一直是太平军与清军激战的一个主战场。在当时整个战局中，安徽在政治、经济和军事上都是最为重要的地区之一，徽州地处安徽南部和江西北部地区，境内山脉纵横，峰峦密布，是出入皖赣接济芜湖和安庆之要道通衢，占领了徽州就可策应安庆和天京（今南京）两个地方，对安徽乃至整个战局极为关键。徽州地区的得失，影响深远，可谓牵一发而动全身。安徽的战略地位对太平军和清军来说都极其重要，由此成为双方攻守最为激烈的一个地区。据统计，徽州下辖六个县被太平军多次攻占，其中，黟县和绩溪县各 15 次，祁门县和婺源县各 11 次，休宁县 10 次，歙县 4 次，其中有五个县在 10 次及以上，六个县总共 66 次，平均每县 11 次，远远高出安徽其他地区。要注意的是，这些数字仅仅是对各县被太平军攻占的统计，若加上太平军过境而引发的战火，那将远远超过以上统计数字。因此，从区域来看，徽州六县遭受兵燹之灾最为频繁，成为安徽境内太平军与清军交战最为激烈的地区（郑小春，2010）。太平军所到之处烧杀抢掠，给徽州社会造成了人员死伤、财物毁损等一系列严重破坏的事实，对当时徽州社会的破坏确实应当负有很大责任。处于战火之中的徽州地区，贫困流离人口增多，社会状况恶化，对当地生态环境造成了严重破坏。自然环境恶化直接导致了自然灾害的频繁发生，徽州僻处皖南山区，其一府六县行政格局自宋代以来即已形成，并一直延续至近代。近千年来，徽州虽历经多次改朝换代和农民运动的战乱，但除了极少数诸如明末清初奴仆起义以外，历朝兵火鲜有波及，一旦发生战争，将会使其作为承载体的脆弱性暴露无遗。由图 3-2 可知，1851～1870 A.D.发生的自然灾害是 19 世纪发生自然灾害频率最高的时期。此外，由于政府忙于战争，无暇救济灾民，致使灾害进一步蔓延，给徽州人民带来了严重灾难。例如，咸丰十一年（1861 A.D.）“（歙县）腊月大雪，平地深五尺，时大乱，未已饥寒交迫，死者甚众”（张佩芳和刘大櫆，1975）；同治二年（1863 A.D.）“（祁门）六七月间，久旱不雨，岁饥，居民多有菜色”（周溶和汪韵珊，1998）。

5.3　对明清时期徽州地区自然灾害时空分异特征及其影响因素的概括性总结与认识

以 1368～1911 A.D.为研究时段，以明清时期徽州一府六县为研究区域，通过系统搜集、整理明清时期徽州各县的地方志和地名志等历史资料，将历史文献资料中的纯文字叙述和描述进行定量化处理并对自然灾害进行不同等级的划分，揭示出徽州各地自然灾害的主要类型及其时空分异规律。这为进一步认识我国亚热带北缘中低山地与丘陵区的灾害发生规律提供了很好参考依据，对徽州地区古村落文化遗产自然环境监测及文化传承保护、区域防灾减灾、经济可持续发展、社会和谐稳定也具有一定的现实意义。

（1）徽州地区自然灾害时空分异特征表现如下。

①水旱灾害是明清时期徽州地区的主要自然灾害类型，共发生

422 次，占自然灾害总数的 78%。冷灾、地震、雹灾、风灾、虫灾分别发生 47 次、33 次、17 次、11 次、11 次，占灾害发生总数的 8.7%、6.1%、3.1%、2%、2%。

②明清时期水旱灾害的发生频次与自然灾害总频次在时间上的契合程度较高，甚至有些年份趋于同步（如明初），而除水旱灾害之外的其他自然灾害（雹灾、风灾、冷灾、虫灾和地震）与自然灾害总频次的契合程度较低。

③除水旱灾害外，其他灾种在清代的发生频次高于明代，而水旱灾害除少数年份外，总体上高于其他灾种。各灾种发生频次随时间呈波浪式的变化特征，且大约每一百年出现一次峰值。以 20 年为统计单位，各灾种的峰值主要集中在 1471～1490 A.D.、1571～1590 A.D.、1671～1690 A.D.、1751～1770 A.D.、1851～1870 A.D.。

④徽州地区的自然灾害发生频次从高到低依次为婺源、绩溪、歙县、休宁、祁门和黟县。明清时期徽州地区的旱灾主要发生在绩溪和黟县；水灾主要分布在婺源、歙县、祁门和休宁；冷灾主要分布在婺源、绩溪和祁门；各地的风灾发生频次均不高；地震主要发生在婺源和绩溪；虫灾主要分布在绩溪。

⑤明清时期徽州地区的水旱灾害具有较为明显的阶段性特点，逐渐由以旱灾为主向以水灾为主过渡。1368～1470 A.D.水旱灾害总数少，以“偏旱”和“偏涝”为主；1471～1630 A.D.为水旱灾害的第一个高发期，以旱灾为主；1631～1810 A.D.为水旱灾害的第二个高发期，仍以旱灾为主，但水灾所占比例有所上升；1811～1911 A.D.总体上水旱灾害呈下降趋势，但水灾的总数开始超过旱灾，并且水灾占主导地位已成为明显趋势。

⑥水旱灾害的发生频次从高到低依次为绩溪、婺源、歙县、黟

县、祁门和休宁，其中歙县和祁门以“偏涝”为主，婺源以“偏涝”和“涝”为主，休宁和黟县的“偏旱”和“偏涝”均较高，绩溪除“涝”较少外，其他等级的水旱灾害均较高。

（2）与我国其他地区相比，徽州自然灾害发生的时间和空间分异特征既有一般性，也有独特性，具体表现如下。

水旱灾害与其他地区一样，都是当地的主要自然灾害类型，但是徽州地区的水旱灾害所占比重更大，且旱灾发生的原因与我国北方地区有所差异；除了水旱灾害外的其他自然灾害发生频次都表现为清代高于明代；徽州地区的雹灾在季节分布方面与我国其他地区的整体规律相一致；由于受灾体不同，徽州冷灾发生的主要季节是冬季，这与我国其他地区主要集中在春季和秋季有所不同；徽州风灾的形成与其地形、气象及气候等因素有密切关联；徽州的虫灾与我国东部季风区在季节分布上具有一致性，但是由于其不具备虫灾繁衍的良好条件，所以发生频次不高；徽州距离地震活跃地带较远，地震灾害较少。

（3）在灾害的成因方面，徽州的自然灾害是多种因素共同作用的结果，既包括自然地理因素，也包括社会经济因素。

在自然因素方面，天文因素对徽州自然灾害产生很大影响，尤其是太阳活动强烈时期的水旱灾害发生频繁；气候的冷暖变化对水旱灾害的发生具有重要作用，尤其是气候转型时期灾害频发，如 16 世纪末 17 世纪初气候由暖湿向冷干转变，18 世纪前中期气候由冷干向冷湿过渡，19 世纪末 20 世纪初气候变为温暖湿润，这些时期徽州的自然灾害尤其是水灾发生较多；徽州特殊的地形使得山区耕地旱灾多而中部河谷平原和山间盆地水灾多，群山中的河谷平原冷灾较少，高海拔地区的虫灾多于低海拔地区；徽州河流汇集区内的水灾多于单一河流经过的地区，新安江流域密集的水系为蝗虫的发展提供了良好的场所；一种自然灾害往往会导致另一种自然灾害的发生，如旱灾与虫灾、旱灾与地震的关系较为密切。在社会经济方面，徽州山林面积大，鸟类作为害虫的天敌，抑制了虫灾的发展，高秆作物比低秆作物更容易受到雹灾的影响；人们将灾害治理的希望寄托于迷信思想，虽然有利于社会安定，但是影响了灾害治理手段的发展，使灾害进一步蔓延；社会经济发展程度越高的地区往往受到的灾害程度越高；人口激增会对环境造成很大压力，尤其是外来棚民的进入过度开发了当地的自然资源，导致徽州生态环境遭到破坏，自然灾害频发；太平天国运动对徽州地区的环境造成了严重破坏，导致自然灾害发生较多。

参 考 文 献

安徽省地方志编纂委员会. 1998. 安徽方志[M]. 北京: 方志出版社.
安徽省气象局资料室. 1983. 安徽气候[M]. 合肥: 安徽科学技术出版社.
安徽省文史研究馆自然灾害资料搜集组. 1957. 安徽地区历代旱灾情况[J]. 安徽史学, (2): 19-29.
安徽省文史研究馆自然灾害资料搜集组. 1959a. 安徽地区地震历史记载初步整理[J]. 安徽史学, (2): 39-46.
安徽省文史研究馆自然灾害资料搜集组. 1959b. 安徽地区水灾历史记载初步整理[J]. 安徽史学, (Z1): 135-158.
安徽省文史研究馆自然灾害资料搜集组. 1959c. 安徽地区蝗灾历史记载初步整理[J]. 安徽史学, (2): 47-54.
安徽省文史研究馆自然灾害资料搜集组. 1960. 安徽地区风雹雪霜灾害记载初步整理[J]. 安徽史学, (1): 62-79.
安娟, 董飞, 陈玉光, 等. 2013. 1956-2010 年辽阳市霜冻特征分析[J]. 中国农学通报, 29(29): 170-174.
曹罗丹, 李加林, 叶持跃, 等. 2014. 明清时期浙江沿海自然灾害的时空分异特征[J]. 地理研究, 33(9): 1778-1790.
曹树基. 2001. 中国人口史[M]. 上海: 复旦大学出版社.
陈桥驿. 1987. 浙江省历史时期的自然灾害[J]. 中国历史地理论丛, 1(1): 5- 17.
陈业新. 2005. 近五百年来淮河中游地区蝗灾初探[J]. 中国历史地理论丛, 20(2): 22-32.
陈永林. 2007. 中国主要蝗虫及蝗灾的生态学治理[M]. 北京: 科学出版社.
成爱芳, 冯起, 张健恺, 等. 2015. 未来气候情景下气候变化响应过程研究综述[J]. 地理科学, 35(1): 84-90.
程敏政. 2000. 休宁县志[M]. 北京: 书目文献出版社.
程胜高, 肖河, 黄庭, 等. 2014. 东北哈尼泥炭腐殖化度古气候意义及区域对比

[J]. 地球科学与环境学报, 36(2): 92-102.
楚纯洁, 赵景波. 2013. 开封地区宋元时期洪涝灾害与气候变化[J]. 地理科学, 33(9): 1150-1156.
崔树昆, 蒋诗威, 刘孝艳, 等. 2021. 雁荡山湖泊沉积物记录的中国东部季风区小冰期以来气候干湿变化[J]. 湖泊科学, 33(3): 947-956.
党群, 殷淑燕, 徐兆红. 2018. 明清时期陕北自然灾害的时空分布研究[J]. 云南大学学报(自然科学版), 40(2): 295-306.
党群, 殷淑燕, 殷方圆. 2015. 明清时期陕南汉江上游山地灾害研究[J]. 陕西师范大学学报(自然科学版), 43(5): 76-83.
邓云凯, 李亮, 马春梅, 等. 2019. 江西玉华山泥炭2000 a BP以来的元素地球化学记录及其气候意义[J]. 地层学杂志, 43(4): 352-363.
丁廷楗, 卢询, 赵吉士. 1975. 徽州府志[M]. 台北: 成文出版社.
董楠, 朱立平, 陈浩, 等. 2021. 青藏高原赤布张错介形类反映的近 13000 年气候变化[J]. 第四纪研究, 41(2): 434-445.
董钟琪, 汪廷璋. 1975. 婺源乡土志[M]. 台北: 成文出版社.
樊星, 秦圆圆, 高翔. 2021. IPCC第六次评估报告第一工作组报告主要结论解读及建议[J]. 环境保护, 49(Z2): 44-48.
方修琦, 郑景云, 葛全胜. 2014. 粮食安全视角下中国历史气候变化影响与响应的过程与机理[J]. 地理科学, 34(11): 1291-1298.
高翔. 2016. 《巴黎协定》与国际减缓气候变化合作模式的变迁[J]. 气候变化研究进展, 12(2): 83-91.
葛剑雄. 2002. 中国人口史[M]. 上海: 复旦大学出版社.
葛全胜, 等. 2011. 中国历朝气候变化[M]. 北京: 科学出版社.
葛全胜, 方修琦, 郑景云. 2002. 中国历史时期温度变化特征的新认识: 纪念竺可桢《中国过去五千年温度变化初步研究》发表 30 周年[J]. 地理科学进展, 21(4): 311-317.
葛全胜, 方修琦, 郑景云, 等. 2014. 中国历史时期气候变化影响及其应对的启示[J]. 地球科学进展, 29(1): 23-29.
葛全胜, 刘浩龙, 郑景云, 等. 2013a. 中国过去 2000 年气候变化与社会发展[J]. 自然杂志, 35(1): 9-21.
葛全胜, 刘健, 方修琦, 等. 2013b. 过去 2000 年冷暖变化的基本特征与主要暖期[J]. 地理学报, 68(5): 579-592.

葛全胜, 郑景云, 郝志新. 2015. 过去2000年亚洲气候变化(PAGES-Asia2k)集成研究进展及展望[J]. 地理学报, 70(3): 355-363.
葛全胜, 郑景云, 郝志新, 等. 2012. 过去2000年中国气候变化的若干重要特征[J]. 中国科学: 地球科学, 42(6): 934-942.
葛云健, 吴笑涵. 2019. 江苏历史时期洪涝灾害时空分布特征[J]. 长江流域资源与环境, 28(8): 1998-2007.
葛韵芬, 汪峰青. 1998. 重修婺源县志[M]. 南京: 江苏古籍出版社.
郭涛, 谭徐明. 1994. 中国历史洪水和洪水灾害的自然历史特征[J]. 自然灾害学报, 3(2): 34-40.
国家自然科学基金委员会. 1998. 全球变化: 中国面临的机遇和挑战[M]. 北京: 高等教育出版社.
何辰宇. 2016. 中国"历史时期气候变化研究"的演进过程（1920s—1970s）[D]. 南京: 南京信息工程大学.
何东序, 汪尚宁. 2000. 徽州府志[M]. 北京: 书目文献出版社.
何警吾, 吴元超. 1989. 徽州地区简志[M]. 合肥: 黄山书社.
何妍, 杨柳青青. 2017. 明清时期江苏沿海气象灾害发生规律[J]. 绿色科技, (22): 70-72.
何应松, 方崇鼎. 1998. 道光休宁县志[M]. 南京: 江苏古籍出版社.
洪世年, 陈文言. 1983. 中国气象史[M]. 北京: 农业出版社.
侯雨乐, 赵景波, 胡尧. 2017. 清代时期都江堰地区洪涝灾害与气候特征研究[J]. 山地学报, 35(6): 865-873.
胡存庆. 1925. 黟县乡土地理・物产[M]. 上海: 上海图书馆.
黄成林. 1993. 试论徽州地理环境对徽商和徽派民居建筑的影响[J]. 人文地理, (4): 57-63.
黄成林. 2017. 徽州文化地理研究选集[M]. 芜湖: 安徽师范大学出版社.
黄成林. 2018. 徽州文化地理研究[M]. 芜湖: 安徽师范大学出版社.
黄成林, 苏勤. 1993. 安徽绩溪县行政区划归属研究[J]. 经济地理, (4): 44-48.
黄崇惺. 1975. 徽州府志辨证[M]. 台北: 成文出版社.
黄应昀, 朱元理. 1975. 婺源县志[M]. 台北: 成文出版社.
徽州地区交通志编纂委员会. 1996. 徽州地区交通志[M]. 合肥: 黄山书社.
姬霖, 查小春. 2016. 汉江上游东汉时期洪涝灾害及其对社会经济的影响[J]. 江西农业学报, 28(2): 90-95.

绩溪县地方志编纂委员会. 1998. 绩溪县志[M]. 合肥: 黄山书社.
绩溪县地名办公室. 1988. 安徽省绩溪县地名录[M]. 宣城: 安徽省绩溪县地名录办公室.
贾铁飞, 施汶妤, 郑辛酉, 等. 2012. 近 600 年来巢湖流域旱涝灾害研究[J]. 地理科学, 32(1): 66-73.
蒋灿. 1975. 婺源县志[M]. 台北: 成文出版社.
焦忠祖, 庞友兰. 2008. 民国阜宁县新志[M]. 南京: 凤凰出版社.
靳俊芳, 殷淑燕, 王学佳. 2016. 汉江上游北宋时期洪水事件的沉积记录和文献记录对比[J]. 山地学报, 34(3): 266-273.
靳治荆, 吴苑, 程濬. 1975. 歙县志[M]. 台北: 成文出版社.
康健. 2013. 明清徽州山林经济研究回顾[J]. 中国史研究动态, (3): 45-53.
孔冬艳, 李钢, 陈海. 2017. 明清时期京津冀地区蝗灾的时空特征及环境背景[J]. 古地理学报, 19(2): 383-392.
劳逢源, 沈伯棠. 1975. 歙县志[M]. 台北: 成文出版社.
雷国良, 朱芸, 姜修洋, 等. 2014. 福建仙山泥炭距今 1400a 以来的 α-纤维素 $\delta^{13}C$ 记录及其气候意义[J]. 地理科学, 34(8): 1018-1024.
李迪. 1984. 介绍《中国气象史》[J]. 大气科学, (2): 232.
李富民, 殷淑燕, 殷田园. 2019. 明代晋陕蒙地区蝗灾的韵律性及其与气候变化关系[J]. 干旱区资源与环境, 33(11): 176-183.
李钢, 孔冬艳, 李丰庆, 等. 2017. 中国历史蝗区演化与水系变迁研究回顾与展望[J]. 热带地理, 37(2): 226-237.
李钢, 刘倩, 王会娟, 等. 2015. 江苏千年蝗灾的时空特征与环境响应[J]. 自然灾害学报, 24(5): 184-198.
李宏. 2010. 自然灾害的社会经济因素影响分析[J]. 中国人口 • 资源与环境, 20(11): 136-142.
李慧芳, 谈家胜. 2018. 明清时期徽州地区自然灾害与民间神灵信仰[J]. 黄山学院学报, 20(4): 6-11.
李树菁. 1988. 明清宇宙期宏观异常自然现象分析[M]. 北京: 海洋出版社.
李婷君. 2012. 徽州村镇水系营造与防洪设计研究[D]. 合肥: 合肥工业大学.
李文海, 林敦奎, 周源, 等. 1990. 近代中国灾荒纪年[M]. 长沙: 湖南教育出版社.
李文亮, 张冬有, 张丽娟. 2009. 黑龙江省气象灾害风险评估与区划[J]. 干旱区地理, 32(5): 754-760.
李霞, 汤浩, 杨莲梅. 2011. 1961—2000 年塔里木盆地夏季空中水汽的变化[J]. 沙漠与绿洲气象, 5(2): 6-11.
李向军. 1995. 清代荒政研究[M]. 北京: 中国农业出版社.
李晓刚, 黄春长, 庞奖励, 等. 2010. 黄河壶口段全新世古洪水事件及其水文学研究[J]. 地理学报, 65(11): 1371-1380.
李晓刚, 孙娜. 2015. 汉江上游安康段明清时期洪涝灾害时间规律分析[J]. 现代农业科技, (17): 272-274.
李秀美, 侯居峙, 王明达, 等. 2019. 季风与西风对青藏高原全新世气候变化的影响: 同位素证据[J]. 第四纪研究, 39(3): 678-686.
李岩, 赵景波. 2010. 开封清代洪涝灾害与发生类型研究[J]. 干旱区资源与环境, 24(3): 64-70.
李艳萍, 陈昌春, 张余庆, 等. 2015. 明代河南地区干旱灾害的时空特征分析[J]. 干旱区资源与环境, 29(5): 174-179.
李瑶. 2021. 基于 PAF 模型的古徽州传统村落再兴研究[D]. 合肥: 安徽建筑大学.
梁剑鸣, 周杰. 2010. 塔里木盆地绿洲分布与河流径流量的关系[J]. 干旱区资源与环境, 24(4): 50-54.
廖腾煃, 汪晋征. 1970. 休宁县志[M]. 台北: 成文出版社.
凌应秋. 1922. 沙溪集略[M]. 南京: 江苏古籍出版社.
刘成武, 吴斌祥, 黄利民. 2004. 湖北省历史时期地震灾害统计特征及其减灾对策[J]. 中国地质灾害与防治学报, 15(3): 131-136, 146.
刘道胜. 2013. 遗存的宋代以降中国民间文书的发掘与整理[J]. 徽学, (1): 65-85.
刘嘉慧, 查小春. 2016. 北宋时期汉江上游洪涝灾害及其对农业经济发展影响研究[J]. 江西农业学报, 28(1): 68-73.
刘敬华. 2008. 近 500 年来黄土高原西部降水变化的高分辨率石笋记录及其与历史文献记载的对比研究[D]. 兰州: 兰州大学.
刘倩, 李钢, 汪宇欣, 等. 2018. 明清时期安徽省蝗灾时空演化、社会影响与响应[J]. 古地理学报, 20(4): 680-690.
刘汝骥. 1997. 陶甓公牍[M]. 合肥: 黄山书社.
刘伟, 康健. 2018. 近七十年来明清棚民研究的回顾与反思[J]. 农业考古, (1): 83-93.

刘伟, 钟巍, 薛积彬, 等. 2006. 明清时期广东地区气候变冷对社会经济发展的影响[J]. 华南师范大学学报(自然科学版), (3): 134-141.

刘晓晨. 2018. 明清时期山西蝗灾时空分布特征研究[J]. 三门峡职业技术学院学报, 17(1): 112-116.

刘晓清, 赵景波, 于学峰. 2007. 清代泾河中游地区洪涝灾害研究[J]. 地理科学, 27(3): 445-448.

刘毅, 杨宇. 2012. 历史时期中国重大自然灾害时空分异特征[J]. 地理学报, 67(3): 291-300.

卢松, 张小军. 2019. 徽州传统村落旅游开发的时空演化及其影响因素[J]. 经济地理, 39(12): 204-211.

卢松, 张小军, 张业臣. 2018. 徽州传统村落的时空分布及其影响因素[J]. 地理科学, 38(10): 1690-1698.

陆林, 葛敬炳. 2007. 徽州古村落形成与发展的地理环境研究[J]. 安徽师范大学学报(自然科学版), (3): 377-382.

陆林, 焦华富. 1995. 徽派建筑的文化含量[J]. 南京大学学报(哲学社会科学版), (2): 163-171.

陆林, 凌善金, 焦华富, 等. 2004. 徽州古村落的演化过程及其机理[J]. 地理研究, 23(5): 686-694.

罗小庆, 赵景波. 2016. 鄂尔多斯高原清代风灾[J]. 中国沙漠, 36(3): 787-791.

吕子珏, 詹锡龄. 1998. 黟县续志[M]. 南京: 江苏古籍出版社.

马步蟾. 1998. 徽州府志[M]. 南京: 江苏古籍出版社.

马春梅, 朱诚, 郑朝贵, 等. 2008. 晚冰期以来神农架大九湖泥炭高分辨率气候变化的地球化学记录研究[J]. 科学通报, 53(S1): 26-37.

马强, 杨霄. 2013. 明清时期嘉陵江流域水旱灾害时空分布特征[J]. 地理研究, 32(2): 257-265.

马世骏. 1956. 根除飞蝗灾害[J]. 科学通报, (2): 52-56.

满苏尔 · 沙比提, 娜斯曼 · 那斯尔丁, 陆吐布拉 · 依明. 2012. 南疆近 60 年来风灾天气及灾度时空变化特征[J]. 地理研究, 31(5): 803-810.

满志敏. 2000. 历史旱涝灾害资料分布问题的研究[J]. 历史地理, 1: 280-294.

闵宗殿. 2004. 清代苏浙皖蝗灾研究[J]. 中国农史, (2): 55-62.

倪红玉, 刘泽民, 何康. 2013. 郯庐断裂带安徽段中小地震震源机制及现代应力场特征[J]. 地质工程学报, 35(3): 677-683.

倪望重. 1998. 祁门县志补[M]. 南京: 江苏古籍出版社.
潘威, 庄宏忠, 李卓仑, 等. 2012. 1766～1911年黄河中游汛期水情变化特征研究[J]. 地理科学, 32(1): 94-100.
彭家桂, 张图南. 1975. 婺源县志[M]. 台北: 成文出版社.
彭维英, 殷淑燕, 鲍小娟, 等. 2013a. 汉江上游历史时期寒冻灾害特征及其社会影响研究[J]. 干旱区资源与环境, 27(8): 83-89.
彭维英, 殷淑燕, 朱永超, 等. 2013b. 历史时期以来汉江上游洪涝灾害研究[J]. 水土保持通报, 33(4): 289-294.
彭一刚. 1994. 传统村镇聚落景观分析[M]. 北京: 中国建筑工业出版社.
彭泽, 汪舜民. 1982. 徽州府志[M]. 上海: 上海书店.
蒲阳, 韩悦, 张虎才, 等. 2021. 鄂陵湖晚全新世沉积物记录的黄河源区气候环境变化[J]. 第四纪研究, 41(4): 1000-1011.
祁门县地方志编纂委员会. 1990. 祁门县志[M]. 合肥: 安徽人民出版社.
乔盛西. 1963. 湖北省历史上的水旱问题及其与太阳活动多年变化的关系[J]. 地理学报, 29(1): 14-24.
秦大河. 2014. 气候变化科学与人类可持续发展[J]. 地理科学进展, 33(7): 874-883.
清恺, 席存泰. 1998. 绩溪县志[M]. 南京: 江苏古籍出版社.
邱云飞, 孙良玉. 2009. 中国灾害通史·明代卷[M]. 郑州: 郑州大学出版社.
仇立慧. 2014. 明清时期汉江上游洪涝灾害与环境变化关系研究[J]. 陕西农业科学, 60(8): 76-79.
瞿颖, 毕硕本, 闫业超, 等. 2015. 山西省明清时期雹灾时空分布特征分析[J]. 灾害学, 30(4): 202-208.
任利利, 殷淑燕, 彭维英, 等. 2013. 历史时期汉江上游旱灾统计及成因分析[J]. 水土保持通报, 33(1): 129-133, 145.
任振球. 1990. 全球变化[M]. 北京: 科学出版社.
邵侃, 商兆奎. 2015. 历史时期西南民族地区自然灾害的时空分布和发展态势[J]. 云南社会科学, (2): 97-101.
歙县地方志编纂委员会. 1995. 歙县志[M]. 北京: 中华书局.
施和金. 2002. 论中国历史上的蝗灾及其社会影响[J]. 南京师范大学学报(社会科学版), (2): 148-154.
施和金. 2004. 安徽历史气候变迁的初步研究[J]. 安徽史学, (4): 59-65.

施由民. 2000. 东汉至清江西农业自然灾害探析[J]. 中国农史, 19(1): 15-21.
石超艺. 2007. 明代以来大陆泽与宁晋泊的演变过程[J]. 地理科学, 27(3): 414-419.
石国柱, 楼文钊, 许承尧. 1998. 民国歙县志[M]. 南京: 江苏古籍出版社.
史培军, 王季薇, 张钢锋, 等. 2017. 透视中国自然灾害区域分异规律与区划研究[J]. 地理研究. 36(8): 1401-1414.
史志林, 董翔. 2018. 历史时期黑河流域自然灾害研究[J]. 敦煌学辑刊, (4): 141-145.
帅嘉冰, 徐伟, 史培军. 2012. 长三角地区台风灾害链特征分析[J]. 自然灾害学报, 21(3): 36-42.
宋海龙, 万红莲, 朱婵婵. 2018. 过去 1400 年陕西地区霜冻灾害事件及其影响研究[J]. 干旱区资源与环境, 32(4): 170-176.
宋正海, 高建国, 孙关龙, 等. 2002a. 中国古代自然灾异群发期[M]. 合肥: 安徽教育出版社.
宋正海, 高建国, 孙关龙, 等. 2002b. 中国古代自然灾异动态分析[M]. 合肥: 安徽教育出版社.
宋正海, 张秉伦. 2002. 中国古代自然灾异动态分析[M]. 合肥: 安徽教育出版社.
苏霍祚, 曹有光. 1975. 绩溪县志[M]. 台北: 成文出版社.
汤仲鑫. 1977. 保定地区近五百年旱涝相对集中期分析[M]//中央气象局研究所. 气候变迁和超长期预报文集. 北京: 科学出版社.
唐国华, 胡振鹏. 2017. 气候变化背景下鄱阳湖流域历史水旱灾害变化特征[J]. 长江流域资源与环境, 26(8): 1274-1283.
唐霞, 张志强. 2017. 基于文献记录的黑河流域历史时期旱涝特征分析[J]. 冰川冻土, 39(3): 490-497.
田家康. 2012. 气候文明史[M]. 范春飚, 译. 北京: 东方出版社.
田少华, 肖国桥, 戴高文, 等. 2020. 青海共和盆地早全新世古风向重建及其对黄土物源的指示[J]. 第四纪研究, 40(1): 95-104.
万红莲, 刘东钥, 宋海龙. 2006. 历史时期宝鸡地区地震灾害的时空分布特征[J]. 宝鸡文理学院学报(自然科学版), 36(3): 59-63.
万红莲, 宋海龙, 朱婵婵, 等. 2017a. 过去 2000 年来陕西地区冰雹灾害及其对农业的影响研究[J]. 高原气象, 36(2): 538-548.

万红莲, 宋海龙, 朱婵婵, 等. 2017b. 明清时期宝鸡地区旱涝灾害链及其对气候变化的响应[J]. 地理学报, 72(1): 27-38.
万红莲, 朱婵婵, 宋海龙, 等. 2017c. 明清时期江苏地区旱涝灾害与气候变化的关系[J]. 干旱区资源与环境, 31(12): 104-109.
汪永进, 刘殿兵. 2016. 亚洲古季风变率和机制的洞穴石笋档案[J]. 科学通报, 61(9): 938-951.
汪正元, 吴鹗. 1975. 婺源县志[M]. 台北: 成文出版社.
王华, 洪业汤, 朱咏煊, 等. 2003. 红原泥炭腐殖化度记录的全新世气候变化[J]. 地质地球化学, (2): 51-56.
王华夫, 李微微. 2005. 我国古代稻作病虫灾害概述[J]. 农业考古, (1): 243-256.
王嘉荫. 1963. 中国地质史料[M]. 北京: 科学出版社.
王健顺, 王云龙, 周敏强, 等. 2020. 基于随机森林算法的青藏高原 AMSR2 被动微波雪深反演[J]. 冰川冻土, 42(3): 1077-1086.
王静爱, 史培军, 王平, 等. 2006. 中国自然灾害时空格局[M]. 北京: 科学出版社.
王宁练, 姚檀栋. 2003. 冰芯对于过去全球变化研究的贡献[J]. 冰川冻土, 25(3): 275-287.
王朋, 张蓓蓓, 武悦萱, 等. 2018. 明清时期关中地区冰雹灾害及其对气候变化响应研究[J]. 江西农业学报, 30(6): 109-113.
王倩. 2010. 中国过去 2000 年气候变化对社会变迁的影响[D]. 北京: 北京师范大学.
王秋香, 任宜勇. 2006. 51a 新疆雹灾损失的时空分布特征[J]. 干旱区地理, 29(1): 65-69.
王让, 桂超万. 1975. 祁门县志[M]. 台北: 成文出版社.
王绍武, 赵宗慈. 1979. 近五百年我国旱涝史料的分析[J]. 地理学报, 34(4): 329-341.
王苏民, 刘健, 周静. 2003. 我国小冰期盛期的气候环境[J]. 湖泊科学, 15(4): 369-376.
王涛. 2015. 近 400 年我国北方地区降水重建与多尺度变化规律研究[D]. 南京: 南京信息工程大学.
王心源, 吴立, 张广胜, 等. 2008. 安徽巢湖全新世湖泊沉积物磁化率与粒度组合的变化特征及其环境意义[J]. 地理科学, 28(4): 548-553.

王艳红, 庄华峰. 2014. 明清时期皖江地区水旱灾害研究[J]. 安徽师范大学学报(自然科学版), 37(3): 280-287.
王长燕, 赵景波, 郁耀闯. 2008. 明代开封地区洪水灾害规律研究[J]. 华中师范大学学报(自然科学版), 42(3): 462-466.
温克刚. 2008. 中国气象灾害大典[M]. 北京: 气象出版社.
文焕然. 2019. 历史时期中国气候变化[M]. 济南: 山东科学技术出版社.
吴甸华, 程汝翼, 俞正燮. 1998. 黟县志[M]. 南京: 江苏古籍出版社.
吴洪. 2021. 徽州民居谱系[D]. 合肥: 安徽建筑大学.
吴克俊, 许复修, 程寿保, 等. 1998. 黟县四志[M]. 南京: 江苏古籍出版社.
吴立, 王心源, 张广胜, 等. 2008. 安徽巢湖湖泊沉积物孢粉—炭屑组合记录的全新世以来植被与气候演变[J]. 古地理学报, 10(2): 183-192.
吴滔. 1997. 明清雹灾概述[J]. 古今农业, (4): 17-24.
吴媛媛. 2009. 明清徽州粮食问题研究[J]. 安徽大学学报(哲学社会科学版), 33(6): 117-124.
吴媛媛. 2014. 明清徽州灾害与社会应对[M]. 合肥: 安徽大学出版社.
肖河, 黄庭, 程胜高, 等. 2015. 东北哈尼泥炭腐殖化度记录的全新世气候变化[J]. 地质科技情报, 34(1): 67-71.
肖杰, 郑国璋, 郭政昇, 等. 2018. 明清小冰期鼎盛期气候变化及其社会响应[J]. 干旱区资源与环境, 32(6): 79-84.
萧凌波. 2018. 清代华北蝗灾时空分布及其与水旱灾害的关系[J]. 古地理学报, 20(6): 1113-1122.
谢萍, 谢忠, 周金莲, 等. 2013. 湖北省近 50 年风灾灾情分布特征分析[J]. 长江流域资源与环境, 22(S1): 122-126.
谢永泰, 程鸿诏, 等. 1998. 黟县三志[M]. 南京: 江苏古籍出版社.
辛福森. 2012. 徽州传统村落景观的基本特征和基因识别研究[D]. 芜湖: 安徽师范大学.
休宁县地方志编纂委员会. 1990. 休宁县志[M]. 合肥: 安徽教育出版社.
徐道一, 李树菁, 高建国. 1984. 明清宇宙期[J]. 大自然探索, (4): 150-156.
徐国昌. 1997. 中国干旱半干旱区气候变化[M]. 北京: 气象出版社.
徐国利. 2020. 明清徽州人地矛盾问题再研究[J]. 史学集刊, (3): 16-28.
徐馨, 沈志达. 1990. 全新世环境: 最近一万多年来环境变迁[M]. 贵阳: 贵州人民出版社.

闫白洋. 2016. 海平面上升叠加风暴潮影响下上海市社会经济脆弱性评价[D]. 上海: 华东师范大学.
殷淑燕, 黄春长, 查小春. 2012. 论极端性洪水灾害与全球气候变化——以汉江和渭河洪水灾害为例[J]. 自然灾害学报, 21(5): 41-48.
余蓉, 张小玲, 李国平, 等. 2012. 1971—2000 年我国东部地区雷暴、冰雹、雷暴大风发生频率的变化[J]. 气象, 38(10): 1207-1216.
俞云耕, 潘继善. 1975. 婺源县志[M]. 台北: 成文出版社.
张蓓蓓, 王朋, 文彦君, 等. 2018. 明清时期关中地区干旱灾害时空特征及其对小冰期气候变化响应研究[J]. 水土保持研究, 25(3): 105-110.
张灿, 周爱锋, 张晓楠, 等. 2015. 湖泊沉积记录的古洪水事件识别及与气候关系[J]. 地理科学进展, 34(7): 898-908.
张冲, 赵景波, 张淑源. 2011. 渭河流域汉代洪涝灾害研究[J]. 地理科学, 31(9): 1151-1156.
张崇旺. 2004. 试论明清时期江淮地区的农业垦殖和生态环境的变迁[J]. 中国社会经济史研究, (3): 54-61.
张崇旺. 2007. 明清时期江淮地区的蝗灾探析[J]. 古今农业, (1): 63-72.
张德二, 李小泉, 梁有叶. 2003.《中国近五百年旱涝分布图集》的再续补(1993—2000 年)[J]. 应用气象学报, 14(3): 379-388.
张德二, 刘传志. 1993.《中国近五百年旱涝分布图集》续补(1980—1992 年)[J]. 气象, 19(11): 41-45.
张德二, 刘传志, 江剑明. 1997. 中国东部 6 区域近 1000 年干湿序列的重建和气候跃变分析[J]. 第四纪研究, (1): 1-11.
张德二, 刘月巍. 2002. 北京清代“晴雨录”降水记录的再研究——应用多因子回归方法重建北京（1724～1904 年）降水量序列[J]. 第四纪研究, 22(3): 199-208.
张德二, 刘月巍, 梁有叶, 等. 2005. 18 世纪南京、苏州和杭州年、季降水量序列的复原研究[J]. 第四纪研究, 25(2): 121-128.
张杰, 沈小七, 王行舟, 等. 2004. 安徽历史地震等震线长轴方位分布及地震地质意义[J]. 中国地震, 20(2): 152-160.
张婧, 赵海莉. 2018. 明清时期汾河流域水旱灾害的时空分布[J]. 干旱区资源与环境, 32(12): 123-130.
张可辉. 2010. 两宋时期南京自然灾害考论[J]. 中国农史, 29(3): 65- 72, 136.

张琨佳, 杨帅, 苏筠. 2014. 明清时期我国水、旱灾害时空演变特点的对比分析[J]. 地球环境学报, 5(6): 385-391.

张佩芳, 刘大櫆. 1975. 歙县志[M]. 台北: 成文出版社.

张丕远. 1996. 中国历史气候变化[M] 济南: 山东科学技术出版社.

张平. 2011. 黑龙江省农业自然灾害的成因分析[J]. 农机化研究, 33(2): 249-252.

张文华. 2008. 淮河流域汉唐时期蝗灾的时空分布特征: 淮河流域历史农业灾害研究之二[J]. 安徽农业科学, 36(10): 4327-4328, 4355.

张学珍, 郑景云, 方修琦, 等. 2007. 1470～1949 年山东蝗灾的韵律性及其与气候变化的关系[J]. 气候与环境研究, 12(6): 788-794.

张愈, 马春梅, 赵宁, 等. 2015. 浙江天目山千亩田泥炭晚全新世以来 Rb/Sr 记录的干湿变化[J]. 地层学杂志, 39(1): 97-107.

赵景波, 邢闪, 周旗. 2012. 关中平原明代霜雪灾害特征及小波分析研究[J]. 地理科学, 32(1): 81-86.

赵景波, 周岳, 李如意, 等. 2015. 鄂尔多斯高原西部清代洪涝灾害与气候事件特征[J]. 水土保持通报, 35(1): 344-348.

郑景云, 刘洋, 郝志新, 等. 2021. 过去 2000 年气候变化的全球集成研究进展与展望[J]. 第四纪研究, 41(2): 309-322, 308.

郑景云, 邵雪梅, 郝志新, 等. 2010. 过去 2000 年中国气候变化研究[J]. 地理研究, 29(9): 1561-1570.

郑景云, 王绍武. 2005. 中国过去 2000 年气候变化的评估[J]. 地理学报, 60(1): 21-31.

郑小春. 2010. 从繁盛走向衰落: 咸同兵燹破坏下的徽州社会[J]. 中国农史, 29(4): 88-99.

中华人民共和国住房和城乡建设部, 中华人民共和国文化部, 国家文物局, 等. 2014. 住房城乡建设部等 7 部局公布第三批列入中国传统村落名录的村落名单(建村〔2014〕168 号)[EB/OL]. https://wxy.pdsu.edu.cn/info/1119/3391.htm.

中华人民共和国住房和城乡建设部, 中华人民共和国文化部, 国家文物局, 等. 2016. 住房城乡建设部等部门关于公布第四批列入中国传统村落名录的村落名单的通知(建村〔2016〕278 号)[EB/OL]. https://wxy.pdsu.edu.cn/info/1119/3392.htm.

中华人民共和国住房和城乡建设部, 中华人民共和国文化部, 中华人民共和国财政部. 2012. 住房城乡建设部 文化部 财政部关于公布第一批列入中国传统村落名录村落名单的通知(建村〔2012〕189 号)[EB/OL]. http://www.gov.cn/zwgk/ 2012-12/20/content_2294327.htm.
中华人民共和国住房和城乡建设部，中华人民共和国文化部，中华人民共和国财政部. 2013. 住房城乡建设部 文化部 财政部关于公布第二批列入中国传统村落名录的村落名单的通知(建村〔2013〕124 号)[EB/OL]. http://www.gov.cn/ zwgk/2013-08/30/content_2477776.htm.
中华人民共和国住房和城乡建设部，中华人民共和国文化和旅游部，国家文物局，等. 2019. 住房和城乡建设部等部门关于公布第五批列入中国传统村落名录的村落名单的通知(建村〔2019〕61 号)[EB/OL]. http://www.gov.cn/zhengce/ zhengceku/2019-09/29/content_5434777.htm.
中央气象局气象科学研究院. 1981. 中国近五百年旱涝分布图集[M]. 北京：地图出版社.
周驰. 2017. 联合国：全球自然灾害频仍 每年 1400 万人丧失家园[EB/OL]. [2017-10-13].https://www.chinanews.com.cn/gj/2017/10-13/8352160.shtml.
周洪建，孙业红. 2012. 气候变化背景下灾害移民的政策响应：从“亚太气候(灾害)移民政策响应地区会议”看灾害移民政策的调整[J]. 地球科学进展，27(5): 573-580.
周溶，汪韵珊. 1998. 祁门县志[M]. 南京：江苏古籍出版社.
周秀骥. 2011. 中国地区千年气候变化特征与规律[J]. 科学通报, 56(25): 2041.
周秀骥，赵平，刘舸，等. 2011. 中世纪暖期、小冰期与现代东亚夏季风环流和降水年代-百年尺度变化特征分析[J]. 科学通报, 56(25): 2060-2067.
竺可桢. 1973. 中国近五千年来气候变迁的初步研究[J]. 中国科学, (2): 168-189.
An Z, Porter S C, Kutzbach J E, et al. 2000. Asynchronous Holocene optimum of the East Asian monsoon[J]. Quaternary Science Reviews, 19(8): 743-762.
Benito G, Thorndycraft V R, Rico M, et al. 2008. Palaeoflood and floodplain records from Spain: Evidence for long-term climate variability and environmental changes[J]. Geomorphology, 101(1-2): 68-77.
Berkelhammer M, Sinha A, Mudelsee M, et al. 2010. Persistent multidecadal power of the Indian Summer Monsoon[J]. Earth and Planetary Science Letters, 290(1-2): 166-172.
Bradley R S. 1993. High resolution record of past climate from monsoon Asia: The last 2000 years and beyond, recommendations for research[J]. PAGES

Workshop Report, 93(1): 1-24.

Brooks C E P. 1922. The Evolution of Climate[M]. London: Benn Brothers.

Chen J H, Chen F H, Feng S, et al. 2015. Hydroclimatic changes in China and surroundings during the Medieval Climate Anomaly and Little Ice Age: Spatial patterns and possible mechanisms[J]. Quaternary Science Reviews, 107: 98-111.

Chen J Q. 1987. An approach to the data processing of historical climate materials on the basis of floods and droughts of Taihu basin[J]. Acta Geographica Sinica, 54(3): 231-242.

Chen J, Zhang Q, Huang W, et al. 2021. Northwestward shift of the northern boundary of the East Asian summer monsoon during the mid-Holocene caused by orbital forcing and vegetation feedbacks[J]. Quaternary Science Reviews, 268: 107136.

Cheng H, Edwards R L, Sinha A, et al. 2016. The Asian monsoon over the past 640,000 years and ice age terminations[J]. Nature, 534(7609): 640-646.

Cheng H, Zhang P Z, Spötl C, et al. 2012. The climatic cyclicity in semiarid-arid central Asia over the past 500,000 years[J]. Geophysical Research Letters, 39(1): L01705.

Christiansen B, Ljungqvist F C. 2017. Challenges and perspectives for large-scale temperature reconstructions of the past two millennia[J]. Reviews of Geophysics, 55(1): 40-96.

Chu G, Sun Q, Wang X, et al. 2011. Seasonal temperature variability during the past 1600 years recorded in historical documents and varved lake sediment profiles from northeastern China[J]. The Holocene, 22(7): 785-792.

Chu K C. 1973. A preliminary study on the climatic fluctuations during the last 5000 years in China[J]. Scientia Sinica, 16(2): 226-256.

Conroy J L, Overpeck J T, Cole J E, et al. 2013. Dust and temperature influences on glaciofluvial sediment deposition in southwestern Tibet during the last millennium[J]. Global and Planetary Change, 107: 132-144.

Cosford J, Qing H, Mattey D, et al. 2009. Climatic and local effects on stalagmite δ^{13}C values at Lianhua Cave, China[J]. Palaeogeography, Palaeoclimatology, Palaeoecology, 280(1-2): 235-244.

Crowley T J. 2000. Causes of climate change over the past 1000 years[J]. Science, 289(5477): 270-277.

Dee S G, Steiger N J, Emile-Geay J, et al. 2016. On the utility of proxy system models for estimating climate states over the common era[J]. Journal of Advances in Modeling Earth Systems, 8(3): 1164-1179.

Dong G C, Yi C, Zhou W J, et al. 2021. Late Quaternary glacial history of the Altyn Tagh Range, northern Tibetan Plateau[J]. Palaeogeography, Palaeoclimatology, Palaeoecology, 577: 110561.

Dreibrodt S, Lomax J, Nelle O, et al. 2010. Are mid-latitude slopes sensitive to climatic oscillations? Implications from an Early Holocene sequence of slope deposits and buried soils from eastern Germany[J]. Geomorphology, 122(3-4): 351-369.

Eichler A, Olivier S, Henderson K, et al. 2009. Temperature response in the Altai region lags solar forcing[J]. Geophysical Research Letters, 36(1): L01808.

Etingoff K. 2016. Ecological Resilience: Response to Climate Change and Natural Disasters[M]. Williston, USA: Apple Academic Press.

Fearnley C J, Wilkinson E, Tillyard C J, et al. 2016. Natural Hazards and Disaster Risk Reduction: Putting Research into Practice[M]. London, UK: Routledge.

Fohlmeister J, Plessen B, Dudashvili A S, et al. 2017. Winter precipitation changes during the Medieval Climate Anomaly and the Little Ice Age in arid Central Asia[J]. Quaternary Science Reviews, 178: 24-36.

Ge Q S, Zheng J Y, Hao Z X, et al. 2016. Recent advances on reconstruction of climate and extreme events in China for the past 2000 years[J]. Journal of Geographical Sciences, 26(7): 827-854.

Grove J M. 1988. The Little Ice Age[M]. London, UK: Methuen.

Herzschuh U, Cao X, Laepple T, et al. 2019. Position and orientation of the westerly jet determined Holocene rainfall patterns in China[J]. Nature Communications, 10(1): 1-8.

Heusser L E, Hendy I L, Barron J A. 2015. Vegetation response to southern California drought during the Medieval Climate Anomaly and early Little Ice Age (AD 800-1600)[J]. Quaternary International, 387: 23-35.

Hu C Y, Henderson G M, Huang J H, et al. 2008. Quantification of Holocene Asian monsoon rainfall from spatially separated cave records[J]. Earth and Planetary Science Letters, 266(3-4): 221-232.

IPCC. 1990. Climate Change: The IPCC Scientific Assessment[M]. Cambridge, United Kingdom and New York, NY, USA: Cambridge University Press: 201-205.

IPCC. 2013. Climate Change 2013—The Physical Science Basis: Working Group Contribution to the Fifth Assessment Report of the Intergovernmental Panel on Climate Change[M]. Cambridge, UK: Cambridge University Press.

Ji J F, Shen J, Balsam W, et al. 2005. Asian monsoon oscillations in the northeastern Qinghai-Tibetan Plateau since the late glacial as interpreted from visible reflectance of Qinghai Lake sediments[J]. Earth and Planetary Science Letters, 233(1-2): 61-70.

Jiang M, Han Z, Li X, et al. 2020. Beach ridges of Dali Lake in Inner Mongolia reveal precipitation variation during the Holocene[J]. Journal of Quaternary Science, 35(5): 716-725.

Kemp J, Radke L C, Olley J, et al. 2012. Holocene lake salinity changes in the Wimmera, southeastern Australia, provide evidence for millennial-scale climate variability[J]. Quaternary Research, 77(1): 65-76.

Ku T L, Li H C. 1998. Speleothems as high-resolution paleoenvironment archives: Records from northeastern China[J]. Earth Planet Science Letters, 107(4): 321-330.

Lam D, Croke J, Thompson C, et al. 2017. Beyond the gorge: Palaeoflood reconstruction from slackwater deposits in a range of physiographic settings in subtropical Australia[J]. Geomorphology, 292: 164-177.

Lamb H H. 1977. Climate: Present, Past and Future[M]. London, UK: Methuen.

Lean J. 2000. Evolution of the sun’s spectral irradiance since the Maunder Minimum[J]. Geophysical Research Letters, 27(16): 2425-2428.

Leroy S A G. 2006. From natural hazard to environmental catastrophe: Past and present[J]. Quaternary International, 158(1): 4-12.

Li H, Gu D, Ku T, et al. 1998. Applications of interannual-resolution stable isotope records of speleothem: Climatic changes in Beijing and Tianjin, China during the past 500 years-the $\delta^{18}O$ record[J]. Science in China Series D: Earth Sciences, 41(4): 362-368.

Li X Z, Liu X D, Pan Z T, et al. 2020. A transient simulation of precession-scale spring dust activity over northern China and its relation to mid-latitude atmospheric circulation[J]. Palaeogeography, Palaeoclimatology, Palaeoecology, 542: 109585.

Liang F Y, Brook G A, Kotlia B S, et al. 2015. Panigarh cave stalagmite evidence of climate change in the Indian Central Himalaya since AD 1256: Monsoon breaks and winter southern jet depressions[J]. Quaternary Science Reviews, 124: 145-161.

Liu J B, Chen F H, Chen J H, et al. 2011. Humid medieval warm period recorded by magnetic characteristics of sediments from Gonghai Lake, Shanxi, North China[J]. Chinese Science Bulletin, 56(23): 2464-2474.

Liu X J, Lai Z P, Madsen D B, et al. 2015. Last deglacial and Holocene lake level variations of Qinghai Lake, north-eastern Qinghai-Tibetan Plateau[J]. Journal of Quaternary Science, 30(3): 245-257.

Mackay A W, Bezrukova E V, Boyle J F, et al. 2013. Multiproxy evidence for abrupt climate change impacts on terrestrial and freshwater ecosystems in the Ol'khon region of Lake Baikal, central Asia[J]. Quaternary International, 290-291: 46-56.

Madsen D B, Ma H Z, Rhode D, et al. 2008. Age constraints on the Late Quaternary evolution of Qinghai Lake, Tibetan Plateau[J]. Quaternary Research, 69(2): 316-325.

Mahadev, Singh A K, Jaiswal M K. 2019. Application of luminescence age models to heterogeneously bleached quartz grains from flood deposits in Tamilnadu, southern India: Reconstruction of past flooding[J]. Quaternary International, 513: 95-106.

Ming G D, Zhou W J, Wang H, et al. 2020. Moisture variations in Lacustrine-eolian sequence from the Hunshandake sandy land associated with the East Asian Summer Monsoon changes since the late Pleistocene[J]. Quaternary Science Reviews, 233: 106210.

Mote F W, Twichette D. 1998. The Cambridge History of China, vol 7., the Ming Dynasty, 1368–1644, Part I[M]. New York: Cambridge University Press.

Oetelaar G A, Beaudoin A B. 2016. Evidence of cultural responses to the impact of the Mazama ash fall from deeply stratified archaeological sites in southern Alberta, Canada[J]. Quaternary International, 394: 17-36.

Pu Y, Nace T, Meyers P A, et al. 2013. Paleoclimate changes of the last 1000 yr on the eastern Qinghai-Tibetan Plateau recorded by elemental, isotopic, and molecular organic matter proxies in sediment from glacial Lake Ximencuo[J]. Palaeogeography, Palaeoclimatology, Palaeoecology, 379-380: 39-53.

Sabatier P, Dezileau L, Colin C, et al. 2012. 7000 years of paleostorm activity in the NW Mediterranean Sea in response to Holocene climate events[J]. Quaternary Research, 77 (1): 1-11.

Sarah J F, Barbara C S H, John A P. 2003. Mid to late Holocene climate evolution of the Lake Telmen Basin, North Central Mongolia, based on palynological data[J]. Quaternary Research, 59(3): 353-363.

Schlolaut G, Brauer A, Marshall M H, et al. 2014. Event layers in the Japanese Lake Suigetsu ‘SG06’ sediment core: Description, interpretation and climatic implications[J]. Quaternary Science Reviews, 83(1): 157-170.

Sidle R C, Taylor D, Lu X X, et al. 2004. Interactions of natural hazards and society in Austral-Asia: Evidence in past and recent records[J]. Quaternary International, 118-119: 181-203.

Sigl M, Winstrup M, McConnell J R, et al. 2015. Timing and climate forcing of volcanic eruptions for the past 2500 years[J]. Nature, 523: 543-549.

Sinha A, Berkelhammer M, Stott L, et al. 2011. The leading mode of Indian Summer Monsoon precipitation variability during the last millennium[J]. Geophysical Research Letters, 38: L15703.

Tan L C, Cai Y J, An Z S, et al. 2011. Centennial-to decadal-scale monsoon precipitation variability in the semi-humid region, northern China during the last 1860 years: Records from stalagmites in Huangye Cave[J]. The Holocene, 21(2): 287-296.

Tan L C, Cai Y J, Cheng H, et al. 2009. Summer monsoon precipitation variations in

Central China over the past 750 years derived from a high-resolution absolute-dated stalagmite[J]. Palaeogeography, Palaeoclimatology, Palaeoecology, 280(3-4): 432-439.

Tan L, Cai Y, Cheng H, et al. 2018. High resolution monsoon precipitation changes on southeastern Tibetan Plateau over the past 2300 years[J]. Quaternary Science Reviews, 195: 122-132.

Thirumalai K, Clemens S C, Partin J W. 2020. Methane, monsoons, and modulation of millennial-scale climate[J]. Geophysical Research Letters, 47(9): e2020GL087613.

Thompson L G, Hamilton W L, Bull C. 1975. Climatological, implications of microparticle concentrations in the ice core from "Byrd" Station, Western Antarctica[J]. Journal of Glaciology, 14(72): 433-444.

Thompson L G, Thompson E M, Breche H, et al. 2006a. Abrupt tropical climate change: Past and present[J]. Proceedings of the National Academy of Sciences, 103(28): 10536-10543.

Thompson L G, Yao T D, Davis M E, et al. 2006b. Holocene climate variability archived in the Puruogangri ice cap on the central Tibetan Plateau[J]. Annals of Glaciology, 43(1): 61-69.

Thompson L G, Yao T, Davis M E, et al. 1997. Tropical climate instability: The Last Glacial Cycle from a Qinghai-Tibetan ice core[J]. Science, 276(5320): 1821-1825.

Thompson L G, Yao T, Thompson M E, et al. 2000. A high-resolution millennial record of the South Asian monsoon from Himalayan ice cores[J]. Science, 289(5486): 1916-1919.

Tierney J E, Oppo D W, Rosenthal Y, et al. 2010. Coordinated hydrological regimes in the Indo-Pacific region during the past two millennia[J]. Paleoceanography, 25(1): PA1102.

Torrence R. 2016. Social resilience and long-term adaptation to volcanic disaster: The archaeology of continuity and innovation in the Willaumez Peninsula, Papua New Guinea[J]. Quaternary International, 394: 6-16.

Wahl E R, Smerdon J E. 2012. Comparative performance of paleoclimate field and index reconstructions derived from climate proxies and noise-only predictors[J]. Geophysical Research Letters, 39(6): L06703.

Wan H L, Song H L, Zhu C C, et al. 2018. Spatio-temporal evolution of drought and flood disaster chains in Baoji area from 1368 to 1911[J]. Journal of Geographical Sciences, 28(3): 337-350.

Wang J K, Johnson K R, Borsato A, et al. 2019. Hydroclimatic variability in Southeast Asia over the past two millennia[J]. Earth and Planetary Science Letters, 525: 115737.

Wang L Q, Dai L J, Li L F, et al. 2018. Multivariable cokriging prediction and source analysis of potentially toxic elements (Cr, Cu, Cd, Pb, and Zn) in surface sediments from Dongting Lake, China[J]. Ecological Indicators, 94: 312-319.

Wang Y J, Cheng H, Edwards R L, et al. 2005. The Holocene Asian monsoon: Links to solar changes and North Atlantic climate[J]. Science, 308(5723): 854-857.

Wanner H, Beer J, Bütikofer J, et al. 2008. Mid-to Late Holocene climate change: An overview[J]. Quaternary Science Reviews, 27(19-20): 1791-1828.

Wolff C, Plessen B, Dudashvilli A S, et al. 2016. Precipitation evolution of Central Asia during the last 5000 years[J]. The Holocene, 27(1): 142-154.

Woo K S, Ji H, Jo K, et al. 2015. Reconstruction of the Northeast Asian monsoon climate history for the past 400 years based on textural, carbon and oxygen isotope record of a stalagmite from Yongcheon lava tube cave, Jeju Island, Korea[J]. Quaternary International, 384: 37-51.

Wu L, Wang X Y, Zhou K S, et al. 2010. Transmutation of ancient settlements and environmental changes between 6000-2000 a BP in the Chaohu Lake Basin, East China[J]. Journal of Geographical Sciences, 20(5): 687-700.

Wu L, Zhou H, Zhang S T, et al. 2018. Spatial-temporal variations of natural disasters during the Ming & Qing Dynasties (1368-1912AD) in Chaohu Lake Basin, East China[J]. Quaternary International, 467: 242-250.

Wünnemann B, Demske D, Tarasov P, et al. 2010. Hydrological evolution during the last 15 kyr in the Tso Kar lake basin (Ladakh, India), derived from geomorphological, sedimentological and palynological records[J]. Quaternary

Science Reviews, 29(9-10): 1138-1155.

Xiao L B, Fang X Q, Ye Y. 2013. Reclamation and revolt: Social responses in Eastern Inner Mongolia to flood/drought-induced refugees from the North China Plain 1644-1911[J]. Journal of Arid Environments, 88: 9-16.

Xiao L B, Fang X Q, Zhang Y J, et al. 2014. Multi-stage evolution of social response to flood/drought in the North China Plain during 1644-1911[J]. Regional Environmental Change, 14: 583-595.

Xu H, Lan J H, Sheng E G, et al. 2016. Hydroclimatic contrasts over Asian monsoon areas and linkages to tropical Pacific SSTs[J]. Scientific Reports, 6: 33177.

Yan H, Sun L, Oppo D W, et al. 2011. South China Sea hydrological changes and Pacific Walker Circulation variations over the last millennium[J]. Nature Communications, 2(1): 293.

Yancheva G, Nowaczyk N R, Mingram J, et al. 2007. Influence of the intertropical convergence zone on the East Asian monsoon[J]. Nature, 445(7123): 74-77.

Yao T D, Thompson L, Yang W, et al. 2012. Different glacier status with atmospheric circulations in Tibetan Plateau and surroundings[J]. Nature Climate Change, 2(9): 663-667.

Yu S Y, Colman S M, Lowell T V, et al. 2010. Freshwater outburst from Lake Superior as a trigger for the cold event 9300 years ago[J]. Science, 328(5983): 1262-1266.

Zeidler J A. 2016. Modeling cultural responses to volcanic disaster in the ancient Jama-Coaque tradition, coastal Ecuador: A case study in cultural collapse and social resilience[J]. Quaternary International, 394: 79-97.

Zhang J C. 1988. The Reconstruction of Climate in China for Historical Times[M]. Beijing: Science Press.

Zhang J, Holmes J A, Chen F, et al. 2009. An 850-year ostracod-shell trace-element record from Sugan Lake, northern Tibetan Plateau, China: Implications for interpreting the shell chemistry in high-Mg/Ca waters[J]. Quaternary International, 194(1-2): 119-133.

Zhang P Z, Cheng H, Edwards R L, et al. 2008. A test of climate, sun, and culture relationships from an 1810-year Chinese cave record[J]. Science, 322(5903):

940-942.

Zheng J Y, Wang W C, Ge Q S, et al. 2006. Precipitation variability and extreme events in Eastern China during the past 1500 years[J]. Terrestrial, Atmospheric and Oceanic Science,17(3): 579-592.

Zhou A F, Sun H L, Chen F H, et al. 2010. High-resolution climate change in mid-late Holocene on Tianchi Lake, Liupan Mountain in the Loess Plateau in central China and its significance[J]. Chinese Science Bulletin, 55(20): 2118-2121.